CLASSIFICATION
LABELLING
and PACKAGING of
SUBSTANCES
and MIXTURES

＜化学品管理者必携＞

欧州CLP規則
日本企業の対応実務

—CLPの現状と今後の動向を踏まえて—

徳重 諭［一般社団法人 日本化学品輸出入協会］著

日本規格協会

はじめに

欧州の化学品（物質及び混合物）管理は，大きな節目を迎えている．欧州委員会は，壮志を持って，2020 年 10 月 14 日に新たな化学品戦略“Chemicals strategy for sustainability towards a toxic-free environment*”を採択し公表した．

この新戦略の目的は，危険・有害な化学物質に対して合法的なより高いレベルでの市民と環境の保護を達成することにある．また，安全で持続可能な代替品を開発するためのイノベーションを督励し，化学品の生産と使用における世界的なフロントランナーとして欧州（EU）の産業を促進する機会を提供するものでもある**.

これらの目的を達成するためには，化学品の危険・有害性の分類，表示及び包装に関する CLP 規則が重要な位置を占める法律であり，新化学品戦略では CLP の改正も謳われている．それは，CLP が化学品の危険・有害性評価における EU の法律の中核であり，化学品の危険・有害性分類及びそれらの危険・有害性に関する情報を消費者や労働者に伝える方法を規定しているからである**.

化学品管理は，20 世紀後半よりグローバルな環境問題における重要な課題の一つであると捉えられ，1992 年にリオ・デ・ジャネイロで開催された国連環境開発会議（リオ地球サミット）で採択された“アジェンダ 21”の第 19 章において化学品管理として取り組むべき事項がプログラム A ～ F として明示された．

---

* https://ec.europa.eu/commission/presscorner/detail/en/ip_20_1839

** https://ec.europa.eu/info/law/better-regulation/have-your-say/initiatives/12975-Revision-of-EU-legislation-on-hazard-classification-labelling-and-packaging-of-chemicals_en

その中のプログラムBは“化学物質の分類と表示の調和”であり，それを受けて，2003年には国連より“化学品の分類及び表示に関する世界調和システム（Globally Harmonized System of Classification and Labelling of Chemicals：GHS)”の初版が発出された．世界各国には2008年までにGHSを導入するように求めている．

EUでは，この世界的な動向を踏まえつつ，2001年2月に“今後の化学物質政策の戦略白書”が発表された．この戦略白書の中で発がん性等の高懸念物質の規制を進め，国連GHSを導入することにより表示システムの改善を図っていくことが示され，それを踏まえて，CLPが2008年12月に公布され，翌2009年1月に施行された．

CLPの目的は，先述の新化学品戦略の目的と同様であり，EU域内の化学品の製造者，輸入者及び川下ユーザーに分類を，化学品の供給者には分類結果に基づいた表示と包装を義務付けている．さらに，懸念を有する物質については指定されたEU全体での調和分類・表示を強制的に使用しなければならない．

現在，国内のものづくりメーカーは総じて化学物質を原材料として使用しているため，化学品規制に関する情報には，製薬，食品，化粧品，建設・建築，電気・電子機械，自動車，プラスチックなど多くの国内業界が強い関心を寄せている．特に，EUにおいて指定された高懸念物質（SVHC）は，多くの産業界の化学品管理に導入され実質的なグローバル標準として機能しており，その出発点となるCLPでの調和分類・表示も注視される状況にある．

しかし，CLPはこのように重要な法律でありながら，ベースが国連GHSであり，しかもしばしば改正されるためか，これまで日本では解説書が発刊されておらず，今回，筆を執らせていただいた．

本書は，筆者が所属してきた三菱化学株式会社（現 三菱ケミカル株式会社）と一般社団法人日本化学工業協会，そして現在の一般社団法人日本化学品輸出入協会での知見や経験をもとにして，CLPに関する基本的事項やその具体的内容について解説した中級・実務レベルの解説書である．ただ，CLPは膨大で，しかも実務的にかつ技術的に幅広い法律で，本書でそのすべてを網羅できるものではなく，実務者にとって参考となる情報源（ウェブサイトの URL など）をなるべく多く掲載するようにした．本書で引用した CLP の条文等は，筆者が和訳したものである．不明点等あれば，原文にアクセスし確認していただきたい．ウェブサイトの URL 等は，変更されることがあり，この本に示した URL が機能しない場合は，ご容赦願う次第である．

本書が CLP 理解の一助となり，EU における化学品の輸出入実務や社内教育に活用いただけるならば幸いである．

最後になりましたが，このような機会を賜りました一般財団法人日本規格協会に感謝申し上げます．特に本書を作成する過程において親身に相談にのってくださった関佳織，室谷誠の両氏には深謝致します．

2022 年 8 月

徳重　諭

目　次

第1章　CLP の概要

第2章　CLP の解説

第 3 章　ポイズンセンターへの届出情報の調和

第 4 章　事業者に望まれる対応

第1章　CLPの概要

1.1　欧州における法体系とCLP

CLP（Classification, Labelling and Packaging of substances and mixtures：化学品の分類，表示，包装に関する規則）はEU（European Union：欧州連合）の法律であり，その内容を理解するための基礎として，EUの法体系の紹介から始めることにしたい．

EUとその法体系について，国立国会図書館のウェブサイト（国立国会図書館リサーチ・ナビ）で，次のように，わかりやすくまとめられている[1]．

EU（欧州連合）

EUは，欧州連合条約（EU条約）をはじめとするEUの基本条約によって設立，運営される国際機関です．

EUでは，基本条約によって加盟国の主権の一部がEUへ移譲され，主権が移譲された政策分野においては，加盟国に代わってEUが権限を行使します．そのため，EUの法体系は，国際法とも，また加盟国の国内法とも異なる独自の体系となっています．

EU法の種類

EU法は，一次法（Primary Legislation），二次法（Secondary Legislation），判例（Case-Law）の3つに分けることができます．

1. 一次法

一次法とは，EUの基本条約を指します．現行の基本条約は，2009年12月に発効したリスボン条約により改正されたEU条約及びEU機能条約です．また，両条約の附属議定書及び附属文書も含まれます．これら条約は加盟国政府による交渉で内容が合意され，各国議会によって批准されなければなりません．改正も同様です．

さらに，一次法には，基本条約以外にも，基本条約と「同一の法的価値」を持つとされるEU基本権憲章，EU司法裁判所（Court of Justice of the European Union）が依拠する法の一般原則などを含むこともあります．

2. 二次法

一次法である基本条約を根拠に制定される法令です．主な二次法には，規則（Regulation），指令（Directive），決定（Decision），勧告（Recommendation），意見（Opinion）があり，加盟国の国内法との関係や法的拘束力は，それぞれ以下のとおり異なっています．

■規則（Regulation）

加盟国の国内法に優先して，加盟国の政府や企業，個人に直接適用されます．そのため，加盟国の国内立法を必要とせず，加盟国の政府等に対して直接的な法的拘束力を及ぼします．

■指令（Directive）

加盟国の政府に対して直接的な法的拘束力を及ぼします．指令には政策目標と実施期限が定められ，指令が採択されると，各加盟国は，期限内に政策目標を達成するために国内立法等の措置を取ることが求められます．ただし，どのような措置を取るかは各加盟国に委ねられます．なお，企業や個人には直接適用されません．

■決定（Decision）

特定の加盟国の政府や企業，個人に対して直接適用されるもので，対象となる加盟国の政府等に対して直接的な法的拘束力を及ぼします．

■勧告（Recommendation）

加盟国の政府や企業，個人などに一定の行為や措置を取ることを期待する旨，欧州委員会が表明するものです．原則として法的拘束力はありません.

■意見（Opinion）

特定のテーマについて欧州委員会，欧州理事会，欧州議会等の意思を表明するものです．勧告と同様，原則として法的拘束力はありません．

3. 判　例

EU 司法裁判所（司法裁判所・総合裁判所・専門裁判所）の判例です．ただし，EU 司法裁判所は，先例には拘束されないとしています．

上記のように，EU 法は，一次法（primary legislation），二次法（secondary legislation）及び判例（case-law）の三つに分類される．二次法の中で法的拘束力を有するのは，規則（regulation），指令（directive）及び決定（decision）であり，これらは立法行為（legislative acts）に位置付けられる．

EU の立法行為に係る立法手続に関して，国立国会図書館の海外立法情報調査室 植月献二氏の調査では，次のように説明している[2)]．

立法手続（legislative procedure）には，通常立法手続によるものと特別立法手続によるものがあり，通常立法手続は，欧州委員会の提案に基づいて規則，指令及び決定を欧州議会及び理事会が共同で採択する手続であり，これは EU の基本的な政策決定手続として位置づけられているものである．特別立法手続は，EU 条約及び TFEU に定める特定の場合において，欧州議会又は理事会が，それぞれ一方の参加の下で，規則，指令又は決定を採択する手続をいう．これらの立法手続により採択された法的行為を立法行為という．

上述のこれらの立法行為（legislative acts）には，その下位法令と捉えられる非立法行為（non-legislative acts）が設定されることがある．その一つが，委任法行為（delegated acts）で，法的拘束力を有し，欧州委員会（European Commission：EC）が，例えば，詳細な措置を明確化するために，立法行為の本質的でない部分を補足又は修正するものである．もう一つは，施行法行為

（implementing acts）で，これも法的拘束力を有し，EU 加盟国の代表者で構成される委員会（committees）の監督下で，欧州委員会が，立法行為が加盟国間で一様に適用されることを保証する条件を設定することを可能にするものである [3)].

CLP は，その表題の冒頭部“REGULATION (EC) No 1272/2008 OF THE EUROPEAN PARLIAMENT AND OF THE COUNCIL”からわかるように，欧州議会と理事会によって制定された規則（regulation）である.

CLP は，ECHA（European CHemical Agency：欧州化学品庁）のウェブサイト“CLP Legislation[4)]”に示されている“Consolidated version of the CLP Regulation”にアクセスすると，その条文の最初に表記されている Amended by: から，委員会規則（Commission Regulation）あるいは委員会委任規則（Commission Delegated Regulation）等によって，多くの修正がなされていることがみて取れる.

1.2　CLP 制定の背景と制定までの経緯

CLP 制定の時代背景と制定に至る経緯を記載していくことにしたい.

1.2.1　CLP 制定の背景

EU において化学品管理に関する指令や規則が制定されることになった時代背景と歴史的経緯が，ECHA の第二代長官である Bjorn Hansen 氏によって，2019 年 12 月 4 日に WHO（世界保健機関）と ECHA とで共同開催されたウェビナー“Implementing EU chemicals legislation - lessons learnt[5)]”においてわかりやすく紹介されている.

欧州における環境に関する動きは，図 1.1 に示すように，1950 年代から 1960 年代にかけて EU の各地で環境汚染が現実に発生したことにより第一歩を踏み出している.

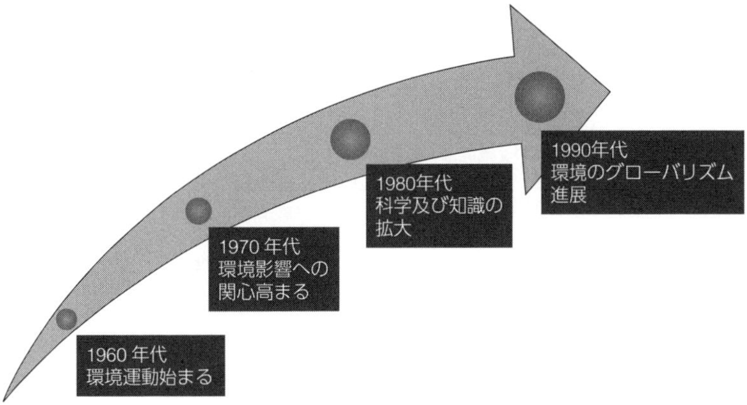

図 1.1　欧州における環境に関する動向

［出典：The birth of EU chemicals legislation: how REACH came to life/Implementing EU chemicals legislation – lessons learnt　4 December 2019/Story behind EU chemicals management: how REACH came to life[6]］

1970 年代に入ると，環境影響への理解が深まり，それらに関する証拠が収集されるようになり，1980 年代にはそれらの環境影響を科学的に解析する段階まで進み，関連する研究機関も組織されるようになった．1990 年代は環境問題や影響のグローバルな広がりもあり，世界的に取り組むようになった．

Bjorn Hansen 氏は，1960 年代に環境への取組みが開始された理由を次のように説明している（表 1.1）．

1960 年代に入ると，経済成長によって富裕化が進み，原始自然へのツーリズムが盛んになる一方で，その地域の汚染も発生することになった．1952 年には，死亡者数が 1 万人を超え史上最悪規模の大気汚染による公害事件だといわれているロンドンスモッグ（London Smog Disasters）が，英国で発生している[7]．

一方，この時代には教育レベルが向上したことにより，一般市民の環境問題に関する知識が増大し，それへの意識が高まっていった．1962 年には，DDT（dichlorodiphenyltrichloroethane：ジクロロジフェニルトリクロロエタン）

表 1.1　1960年代に環境への取組みが開始された理由

富裕化	レジャー及び観光産業の成長（原始的環境の探索）
教育レベルの向上	環境問題への意識をより拡大させた，より高度な教育を受けた人々
環境関連組織	多くの環境組織設立 全米野生生物連盟：National Wildlife Federation（1936） 国連環境計画：United Nations Environment Programme（1972） ワールドウォッチ：WorldWatch（1974）
公　害	水質汚染，廃棄物処理及び酸性雨が最初に広く注目された有害性（ロンドンスモッグ）（1953）
科学的証拠	沈黙の春（著者：レイチェル・カーソン）（1962） 人口爆弾（著者：ポール・エリック）（1968）
政　治	環境問題が，政治化されはじめる 緑の党：主に環境問題に焦点を当てた政党 中産階級が，重要な要素

［出典：The birth of EU chemicals legislation: how REACH came to life/Implementing EU chemicals legislation – lessons learnt　4 December 2019/Story behind EU chemicals management: how REACH came to life[6)]］

をはじめとする農薬などの化学物質の有害性を訴えたレイチェル・カーソン著作の『沈黙の春』が出版された．世界的に化学物質管理の必要性が認識されるようになった中で1972年にはUNEP（United Nations Environment Programme：国連環境計画）が設立されることになった．

Bjorn Hansen氏の資料では，EUにおける化学品管理に関する指令及び規則の制定推移が，図1.2のように紹介されている．

上述のような社会情勢の中で，1967年に欧州全域に適用される最初の化学物質管理に関する指令“危険な物質の分類，包装及び表示に関する法律，規則及び行政規定の近似化に係わる1967年6月27日付理事会指令67/548/EEC，いわゆる危険物質指令（Dangerous Substance Directive：DSD）”が制定された．この指令は，その名称が示すように，危険な物質としての分類基準を定め，それに基づく分類，表示及び包装を規定した指令であるが，1979年9月18日付の第6次修正（理事会指令79/831/EEC）により，新規化学物質につ

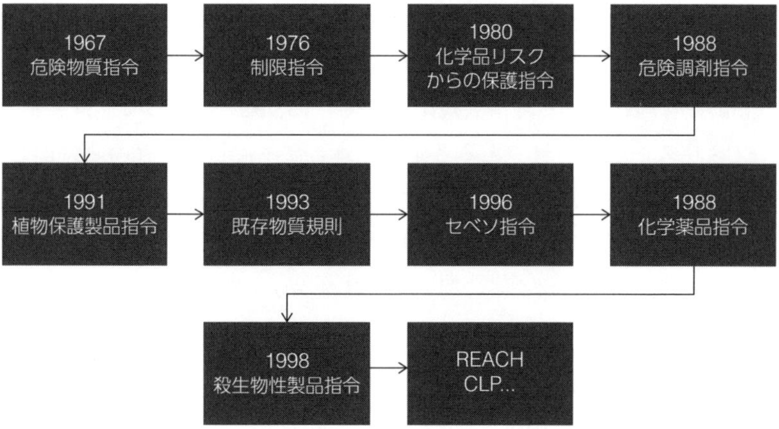

図 1.2　EU における化学品管理に関する指令及び規則の制定推移
［出典：The birth of EU chemicals legislation: how REACH came to life/Implementing EU chemicals legislation – lessons learnt　4 December 2019/Story behind EU chemicals management: how REACH came to life[6)]］

いて，その製造者又は輸入者は安全性評価をまとめた技術文書等を上市前に上市予定国に届出し，行政が審査を行い，安全性を確認する仕組みが導入された．

1976 年には“危険な物質及び調剤の上市と使用の制限に関する加盟諸国の法律，規則及び行政規定の近似化に関する 1976 年 7 月 27 日付理事会指令 76/769/EEC（制限指令）”が制定された．続いて混合物（調剤）を対象として，1988 年に“危険な調剤の分類，包装及び表示に関する加盟諸国の法律，規則及び行政規定の近似化に関する 1988 年 6 月 7 日付理事会指令 88/379/EEC”が制定され，1999 年に整定された“危険な調剤の分類，包装及び表示に関する加盟諸国の法律，規則及び行政規定の近似化に関する 1999 年 5 月 31 日付欧州議会及び理事会指令 1999/45/EC［危険調剤指令（Dangerous Preparation Directive：DPD）］”によって置き換えられた．

一方，既存化学物質については，1990 年 6 月 15 日付の欧州官報 C146A に掲載された委員会コミュニケーションによって，1971 年 1 月 1 日から 1981 年 9 月 18 日までの間に欧州共同体市場にあったとみなされた物質が EINECS

(European INventory of Existing Commercial chemical Substances：欧州既存商業化学物質リスト)[7] に収載され，1993年に制定された“既存物質のリスク評価と管理に関する理事会規則（EEC）793/93”によって，既存物質はEINECSリスト収載物質であると定義され，高生産量の既存物質に関して，産業界に対して入手可能なデータをすべて登録することが義務付けられた.

さらには，化学物質から労働者を保護するための“職場での化学的，物理的及び生物学的試薬へのばく露に関連するリスクからの労働者の保護に関する1980年11月27日付理事会指令80/1107/EEC”や個別製品に特化した，例えば農薬に対する“植物保護製品の上市に関する1991年7月15日付理事会指令91/414/EEC”等が，制定されている.

しかしながら，欧州委員会が1998年に実施した化学品管理政策の評価では，これまでの化学品規制では十分な保護が提供されていないことが示され，2001年2月には，持続可能な開発の達成を政策的目標に掲示した“WHITE PAPER Strategy for a future Chemicals Policy（今後の化学物質政策の戦略白書)”[8](以下“戦略白書”という）が採択され，発表された.

この戦略白書の中で，上述の四つの化学物質に関する指令及び規則［理事会指令67/548/EEC，理事会指令76/769/EEC，理事会指令88/379/EEC，理事会規則（EEC）793/93］が評価され，機能面で次に示すいくつかの問題点や課題が確認された.

- 市場にある物質の99％以上を占める既存物質には，新規物質と同様の試験が要求されていない.
- 既存物質の特性と使用についての知識が一般的に欠如している．また既存物質のリスク評価は当局の責任になっているが，大量のリソースを必要とするため，ほとんど進んでいない.
- 現行法令では，川下ユーザーに情報提供を義務付けていないために，物質の使用に関する情報を取得することが困難で，川下事業者の使用から生じるばく露に関する情報は一般的に不足している戦略白書では，これらの問題及び課題に取り組むに当たっての政策的目標が，次のように掲示されることになった．

・ヒトの健康及び環境の保護
・EU 化学産業の競争力の維持と強化
・域内市場の分裂防止
・透明性の拡大（化学品に関する情報へのアクセスや規制プロセスの理解）
・国際的な取組みとの統合
・非動物試験の促進
・世界貿易機関（World Trade Organization：WTO）の下での EU の国際的責務との適合（不要な貿易障壁設定の抑止）

これらの政策的目標を達成するために，新たな化学物質管理システムとして，REACH（Registration, Evaluation, Authorisation of Chemicals）規則が提案されるとともに，分類及び表示については次のように現状整理及び今後のアクション項目が提示された．

7. 分類とラベル付け

現在の法律では，危険・有害な物質は指令 67/548 の附属書 I（調和分類）にしたがって分類及び表示されるか，この附属書に包含されていない場合，産業界（自己分類）によってこの指令の附属書 VI に規定された原則にしたがって分類及び表示されるかのいずれかが必要である．附属書 I は，約 5 000 の危険・有害な化学物質を対象としており，数十年にわたって確立されてきた．

新規物質の体系的な評価により，それらの約 70％が危険・有害性（例えば，発がん性，毒性，感作性，刺激性，環境有害性）として分類されていることが判明している．既存物質が多数であるとの観点から，新規物質と同等の割合の既存物質は分類される必要があると仮定すると，すべての物質の包括的で調和したリストの確立は，現在の手法を使用する実行可能なオプションではない．

いくつかの危険・有害な特性による分類は，これらの物質のリスク管理に自動的な結果を誘起する（チャプター3*）．必要な管理措置に関する曖昧さを避けるために，新システムには調和分類の一部を保持する必要がある．

アクション7A：最も関連性が高い特性への調和分類を制限する．

当局のリソースは，発がん性，変異原性及び生殖毒性（CMR）等の，分類によって重要なリスク管理措置が生じる，最も関連性が高い危険・有害特性に焦点を当てるべきである．

アクション7B：欧州委員会は危険・有害物質の産業界リストを求めることにする．

欧州委員会は，産業界に，市場にあるすべての危険・有害物質の分類と表示に関する包括的な情報を含むリストを提供するように要請する．このリストは，インターネット上で利用可能であり，無料で一般にアクセス可能であるべきである．

アクション7C：グローバルに調和したシステムによって現在の表示システムを簡素化し，理解可能性を改善すること．

グローバルに調和したシステムの精緻な作成に関する現在の交渉は，現行の表示規定を根本的に見直し，表示の簡素化を検討し，理解度を向上させる機会を提供してくれる．

*　チャプター3は“化学品についての知識”を示す．

1.2.2　CLP制定までの経緯

欧州委員会による戦略白書の採択からCLP制定までの経緯が，欧州委員会環境総局のウェブサイト“Chemicals/Classification and labelling/History[9)]”において紹介されている.

このウェブサイトに公開されている“Commission proposal”の中の“Volume I（explanatory memorandum, legal text）”には，これまでの EU における化学品の分類・表示システムから国連 GHS を導入した新システム（CLP を意味する）への切り替えの可能性や妥当性及びその切り替えにおける考え方と合わせて，CLP の草案が示されている.

これまでの化学品の分類・表示システムは，次の三つの主要な法律によって定められていた.

・危険物質指令（理事会指令 67/548/EEC）
・危険調剤指令（すなわち，危険な混合物の指令）（欧州議会及び理事会指令 1999/45/EC）
・安全データシート指令（委員会指令 91/155/EEC）

上の二つの指令は，危険な物質及び調剤の分類，表示及び包装に関する規則であり，安全データシート指令は，そのような物質と混合物の供給者が，それらの危険・有害性に関する入手可能な情報と安全な使用に関するガイダンスを顧客に提供することを保証するものである．安全データシートに関する規定は REACH[10)] に含められることになったと記述されている.

これまでの EU における化学品の分類・表示システムと国連 GHS システムは概念的に類似しており，同じ構造要素（分類，表示，包装並びに表示や安全データシートを含む危険・有害性情報の伝達）で成り立っていることから，分類の基準の一部は新システムによって変更されるが，国連 GHS システムの導入が可能であると述べている．また国連 GHS で採用されている“ビルディング・ブロックアプローチ（選択可能方式）”が新規則策定において活用できることも示されている.

さらには，この explanatory memorandum では，CLP の前文（72）に言及されている補完性原則（principle of subsidiarity）及び比例原則（principle of proportionality）について説明している.

前文（72）

本規則の目的，すなわち分類，表示及び包装の規則を調和させること，分類義務を規定すること，共同体レベルで分類された物質の調和リストを作成し，分類・表示インベントリーを確立することは，加盟国によっては十分に達成することは不可能であり，それ故共同体レベルでよりよく達成され得るため，共同体は設立条約の第5条に定められた補完性原則に従い措置を講じてもよい．同条に既定された比例原則に従い，本規則はこれらの目的を達成するために必要なものを超えるものではない．

補完性原則とは，基本的には個人や小規模グループのできないことだけを政府がカバーするという考え方で，今回の場合には加盟国レベルでは分類，表示及び包装の規則を調和させることは不可能であるため，EUレベルで規則化することの根拠となる原則である．

一方の比例原則については，これまでEUにおいて数十年かけて確立してきた分類・表示システムを超えて規制する必要はないという考えに立ち，国連GHSの“ビルディング・ブロックアプローチ”を活用して，これまでのシステムに相当する危険・有害性クラスでの区分を選択し，採用するとしている．具体的には“引火性液体 区分4”や“急性毒性 区分5”は採用しないということである．

欧州委員会は，このCLP草案について2006年8月から約2か月間のパブリック・コンサルテーションを実施後，翌2007年6月には影響評価をまとめ，その結果に基づいて適切な移行期間を設定したCLP規則が2008年12月31日に欧州連合官報に公布され，2009年1月20日に施行されることになった．

CLPの第61条（移行規定）により，物質は2010年12月1日まで危険物質指令67/548/EECに基づいて，混合物については2015年6月1日まで危険調剤指令1999/45/ECに基づいて，それぞれ分類，表示及び包装されなければならないと規定され，第60条（廃止）により，両指令は2015年6月1日に廃止されることになった．

1.3　CLPの表題

法律を理解する第一歩は，その法律の顔ともいえる表題を理解することである．CLPの表題を，図1.3に示す．この表題が示すように，CLPは欧州のすべての加盟国を拘束し，直接適用される規則（Regulation）であり[11)]，これまでに制定されていた危険な物質及び混合物（調剤）に関する分類，表示及び包装に関する指令を修正及び廃止するとともに，制定時のREACH［REGULATION（EC）No 1907/2006 concerning the Registration, Evaluation, Authorisation and Restriction of Chemicals］に含まれていた“第XI編 分類と表示のインベントリー”を削除する等のREACHを改正することにより，物質及び混合物の分類，表示及び包装に関する規定を一本化した法律だと読み取ることができる．

REGULATION (EC) No 1272/2008 OF THE EUROPEAN PARLIAMENT
AND OF THE COUNCIL
of 16 December 2008
on classification, labelling, and packaging of substances and mixtures,
amending and repealing Directives 67/548/EEC and 1999/545/EC, and
amending Regulation (EC) No 1907/2006
(Text with EEA relevance)

欧州議会及び理事会規則（EC）No 1272/2008
2008年12月16日付
物質及び混合物の分類，表示及び包装に関する，
指令67/548/EEC及び1999/45/ECを改正及び廃止し，及び
規則（EC）No 1907/2006を改正する，
（欧州経済領域関連条文）

■関連する規則・指令
・指令 67/548/EEC：危険な物質の分類，包装，表示に関する法律，規則及び行政規定の近似化に関する理事会指令
・指令 1999/45/EC：危険な調剤の分類，包装，表示に関する加盟国の法律，規則及び行政規定の近似化に関する欧州議会及び理事会指令
・規則（EC）No 1907/2006：REACH 規則

図 1.3　CLP の表題

1.4　CLP の対象国

CLP は，その表題にかっこ書きされているように，EEA（European Economic Area：欧州経済領域）に直接適用される．具体的には，図 1.4 に示すように，BREXIT（英国の EU 離脱）により英国は含まれないが，EU に加盟する 27 か国と EEA に加わっているノルウェー，アイスランド，リヒテンシュタインの計 30 か国が，CLP の対象国となる．

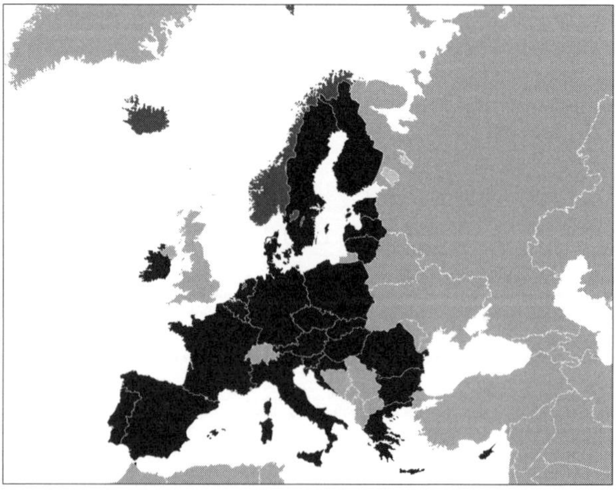

図 1.4　CLP の対象国[12)]

1.5　CLP の構成

CLP が，どのような構成になっているか，みていくことにしよう．CLP は，表 1.2 に示す構成を有している．

CLP の C (Classification) である危険・有害性分類が第 II 編に，L (Labelling) であるラベルによる危険・有害性情報の伝達が第 III 編に，P（Packaging）である包装が第 IV 編にそれぞれ規定されている．第 V 編には，EU 独自のルールである物質の調和された分類と表示及び分類・表示インベントリーが規定されており，事業者にとって重要事項の一つである執行（査察）は第 VI 編に記述されている．

表 1.2　CLP の目次

第 I 編	一般的事項
第 II 編	危険・有害性分類
第 III 編	ラベルの形での危険・有害性の伝達
第 IV 編	包装
第 V 編	物質の分類と表示の調和，及び分類・表示インベントリー
第 VI 編	管轄当局及び執行
第 VII 編	共通及び最終規定
附属書 I	危険・有害な物質と混合物に対する分類と表示の要件
附属書 II	ある物質と混合物の表示と包装に関する特別規則
附属書 III	危険有害性情報，補足危険有害性情報及び補足表示要素のリスト
附属書 IV	注意書きのリスト
附属書 V	危険・有害性絵表示
附属書 VI	ある危険・有害な物質に対する調和された分類と表示
附属書 VII	指令 67/548/EEC 下の分類から本規則下の分類への変換表
附属書 VIII	緊急時の健康対応と予防措置に関する調和された情報

CLP においては，附属書も極めて重要な役割を担っている．附属書 I には，国連 GHS の分類基準がほぼそのまま導入されている危険・有害な物質と混合物に対する分類と表示の要件が，附属書 II では EU 独自の表示と包装に関する特別規則が，それぞれ規定されており，附属書 III ～附属書 V にはラベル要素が示されている．附属書 VI には特定の物質に対する調和された分類と表示

が規定されており，EU内では附属書VIに収載された物質の分類及び表示はこの規定に従わなければならない．附属書VIIIは2017年に新たに追加されたものであり，ポイズンセンターへの届出情報の調和が規定されている．

さらに詳しく附属書の構成をみていくことにする（表1.3）．附属書II及び附属書IIIにおいてみられる“補足～”及び“～の特別規則”はEU独自の規則を示しており，単に国連GHSのみではなく，これらの規定に対応しなければCLPは遵守できないことになる．

附属書III及び附属書IVには，それぞれ，危険有害性情報，補足危険有害性情報と補足ラベル要素及び注意書きが各国の公用語でリストされている．例えば，ある加盟国向けのラベルを作成する場合に，英語で表記されたラベル要素を独自でその加盟国の公用語に訳して使用するようなことは行わず，これらの附属書にリストされたラベル要素を使用しなければならない．

CLPは，国連GHSをEUに導入するために制定された法律ではあるが，国連GHSの中の分類及びラベル表示についてはCLPで，SDS（Safety Data Sheet：安全データシート）の作成についてはREACHで規定する，二本立てとなっていることにも留意する必要がある．

表1.3　CLPの附属書の構成

附属書	附属書のタイトル	規定事項	
I	危険・有害な物質と混合物に対する分類と表示の要件	パート1	分類及び表示についての一般原則
		パート2	物理的危険性
		パート3	健康に対する有害性
		パート4	環境に対する有害性
		パート5	追加の有害性
II	ある物質と混合物の表示と包装に関する特別規則	パート1	補足危険有害性情報
		パート2	特定の混合物に対する補足ラベル要素についての特別規則
		パート3	包装に関する特別規則

表1.3　（続き）

附属書	附属書のタイトル	規定事項	
II	ある物質と混合物の表示と包装に関する特別規則	パート4	植物保護製品の表示についての特別規則
		パート5	第29条(3)が適用される危険・有害な物質及び混合物のリスト
III	危険有害性情報，補足危険有害性情報及び補足ラベル要素のリスト	パート1	危険有害性情報
		パート2	補足危険有害性情報
		パート3	特定の混合物に関する補足ラベル要素／情報
IV	注意書きのリスト	パート1	注意書きの選択基準
		パート2	注意書き
V	危険・有害性絵表示	パート1	物理的危険性
		パート2	健康に対する有害性
		パート3	環境に対する有害性
		パート4	追加の有害性
VI	ある危険・有害な物質に対する調和された分類と表示	パート1	調和された分類と表示のリストの紹介
		パート2	調和分類・表示についてのドシエ（技術文書）
		パート3	調和分類・表示の表
VII	指令67/548/EEC下の分類から本規則下の分類への変換表	—	—
VIII	緊急時の健康対応と予防措置に関する調和された情報	パートA	一般的要件
		パートB	提出に含まれる情報
		パートC	提出の書式
		パートD	標準処方（Standard formulas）

1.6　CLPの目的

CLPの目標は，その前文（74）に記載されているように，2002年に開催されたヨハネスブルグ・サミットで採択されたWSSD2020年目標「予防的取組み方法に留意しつつ，透明性のある科学的根拠に基づくリスク評価手順と科学的根拠に基づくリスク管理手順を用いて，化学物質がヒトの健康及び環境にもたらす著しい悪影響を最小化する方法で使用，生産されることを 2020 年までに達成することを目指す」を達成することであり，2006 年の第 1 回国際化学物質管理会議で取り纏められた SAICM（Strategic Approach to International Chemicals Management）の達成に貢献することである．

> 前文（74）
>
> 本規則は，ドバイで 2006 年 2 月 6 日に採択された国際的な化学物質管理のための戦略的アプローチ（SAICM）の達成に貢献すべきである．

この目標を受けて，第 1 条において CLP の目的には以下の 2 項目を掲げている．

・高いレベルでのヒトの健康と環境の保護

・物質，混合物及び成形品の自由な移動の確保

この目的を達成するための手段は，以下の 5 項目である．これらが CLP の構成要素となっている．

① 分類基準及び危険・有害な物質と混合物の表示・包装規則の調和

② 製造者・輸入者・川下ユーザーに対して，分類を義務化，及び供給者に対して，表示と包装を義務化

③ 製造者及び輸入者に対して，分類と表示要素の ECHA への届出を義務化（ECHA へ REACH の登録文書の一部として，提出していない場合）

④ 附属書 VI のパート 3 において，EU における調和された分類と表示要素を有する物質リストを確立

⑤ 分類・表示インベントリーを確立（すべての届出，提出，調和分類・表示要素を含む）

1.7　CLP の化学品関連法令における位置付け

CLP について，欧州委員会によって 2019 年に公開された「最も関連性の高い化学品法規（REACH を除く）の適合性チェックの結果及び特定された課題，ギャップ及び弱点」に関する報告書 [13] では，次のように述べられている．

「CLP は，EU の化学物質法令の基礎をなすものの一つで，化学品の危険・有害性の特定，評価，分類及びそれらの危険・有害性情報の消費者と労働者への伝達を扱っている．」

化学品のリスク管理において，多くの製品固有の法律［化粧品，殺生物性製品，植物保護製品（農薬）等］が，CLP で規定された化学品の危険・有害性分類基準を参照し採用している（図 1.5）．

このように，CLP は，多くの化学品関連法令に影響を与える極めて重要な法律であると認識しておく必要がある．

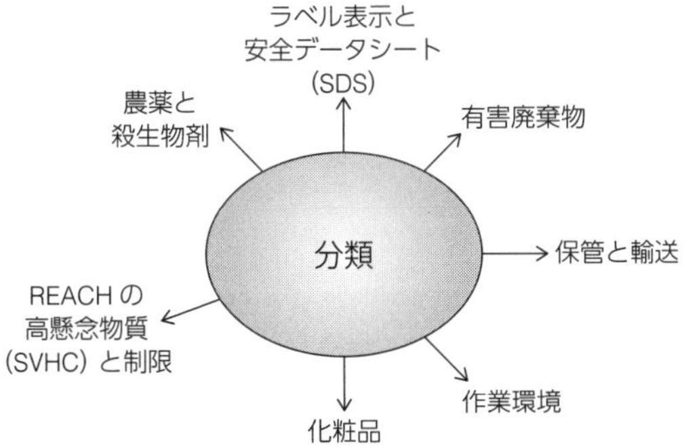

図 1.5　EU 化学品関連法令における CLP の位置付け

［出典：化学物質国際対応ネットワークウェブサイト
欧州化学物質庁事務局長による化学物質管理政策最新動向セミナー
～ REACH，CLP 及び BPR の最新動向～（2015 年 4 月 3 日）[14]，一部改変］

1.8　CLPの全体像

CLPは，その名称“Classification, Labelling and Packaging of substances and mixtures”が示すように，分類（Classification），表示（Labelling）及び包装（Packaging）を主要な構成要素とする，EUに国連GHSを導入するための法律である．しかし，CLPは国連GHSがそのまま導入された法律ではなく，分類，表示及び包装においてもEU独自の規則が盛り込まれているので注意が必要である．

物質及び混合物は，第4条に示されているように，CLPに従って分類し，表示し，包装されなければ，EU内で上市することはできない．

CLPの全体像を図1.6に示しているが，CLPは分類，表示及び包装を規定するばかりではなく，EU独自の規則をいくつも有している．

REACHにおいて登録の対象となる物質，すなわちEUにおける製造・輸入量が年間1トン以上の物質並びにREACHの登録にかかわらずCLPの分類基準に基づいて危険・有害性に分類される物質は，ECHAに分類及び表示（C&L）の届出をしなければならない．これらの届出された情報とデータは，ECHAからC&Lインベントリーとして公表される．

発がん性等の有害性を持つ物質については，EU内で調和された分類・表示物質としてリスト化される．これらの物質の分類・表示は，この調和分類・表示を強制的に使用しなければならない．この調和分類・表示物質リストは技術的及び科学的進歩へ適応させるために適宜改正されていく．

健康有害性又は物理化学的危険性を有する混合物製品を取り扱う事業者は，当該製品を上市する加盟国の指定機関（主にポイズンセンター）に緊急健康対応に必要な情報を提出しなければならない義務もある．

これらの各要素が確実に執行（Enforcement）されているか，加盟国単位で確認される仕組みがとられており，規則全体が機能しているか，その運用状況を監視し，REACHとともに定期的に見直す（レビューする）こととされている．

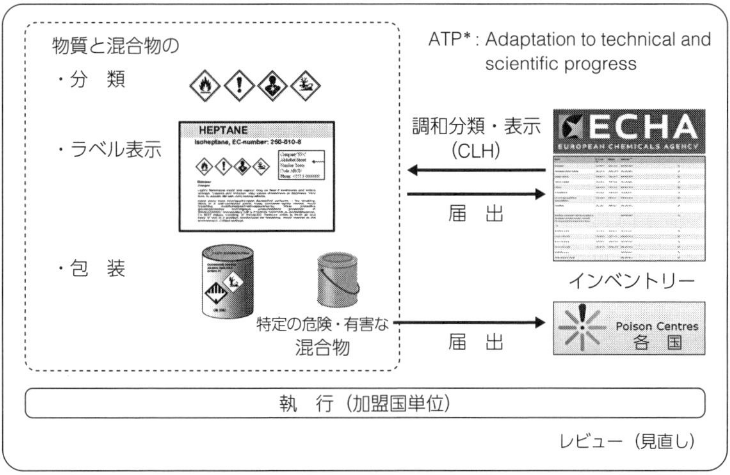

*　技術的及び科学的進歩への適応

図 1.6　CLP の全体像

1.9　CLP の対象物質と適用対象外物質

CLP の適用範囲は，第 1 条で規定されており，基本的には，あらゆる物質に適用されるが，次の①～⑧には適用しない，としている．また最終使用者向けが意図された，完成された状態での化学品に対して適用対象外とするものも示されており，それらを含めて，CLP の対象物質の概要を図 1.7 に示す．

①放射性物質

②税関の監視下にある物質及び混合物で，いかなる処理又は加工も受けないものであり，一時的に貯蔵されているもの，若しくは再輸出の意図から自由地域又は自由倉庫内にある，又は通過中のもの

③非単離中間体

④上市されない科学的研究開発のための物質及び混合物で，共同体の職場及び環境法に従って管理された条件下で使用される場合

⑤廃棄物

⑥防衛上の理由で加盟国から免除を受けた物質

⑦最終使用者向けが意図された，完成された状態での以下の形態で，各関連する法律で規定する物質及び混合物

・医薬品

・動物用医薬品

・化粧品

・侵襲性又は人体に直接物理的に接触して使用する医療機器，並びに医療機器

・次に示す使用を含む，食品又は飼料

1）食品添加物

2）食品用香料

3）飼料添加物

4）動物用栄養剤

⑧航空，海上，道路，鉄道又は内陸水路による危険物輸送［第33条（外包装，内包装及び単一包装での表示に対する具体的ルール）の適用を除く］

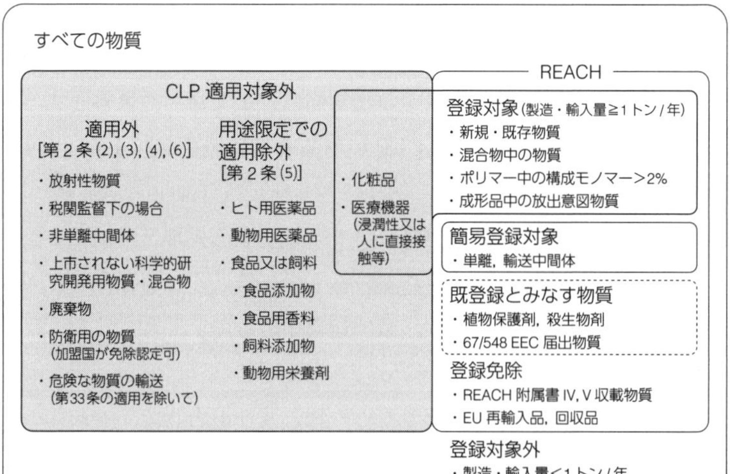

図1.7　CLPの対象物質の概要

CLPにおいて，適用対象外とする化学品は，REACHの適用対象外と類似しているが，REACHでは適用範囲内にある④上市されない科学的研究開発のための物質及び混合物が，適用対象外になっている点は注目される．

ここで，注意すべきは，第2条（定義）の18「“上市”とは，第三者に，有償無償にかかわらず，供給する又は利用可能にすることを意味する．輸入は，上市であるとみなされるものとする」で，科学的研究開発のための物質及び混合物であっても，それらのEUへの輸入は上市とみなされ，CLPの適用対象内になることである．このことは，ECHAが発行するガイダンス“Guidance on Scientific Research and Development (SR&D) and Product and Process Orientated Research and Development (PPORD)[15]”に，次に示すとおり，より詳しく説明されている．

日本国内からEUへの科学的研究開発のための物質又は混合物がCLPの対象となるかどうかは，しばしば誤解を生じるところであり，CLPの適用対象であると認識していただきたい．

Guidance on Scientific Research and Development (SR&D) and Product and Process Orientated Research and Development (PPORD)

3.1.4　分類，表示及び包装

CLP規則は，上市（すなわち，供給又は輸入）されない科学的研究開発に使用される物質及び混合物には，EUの作業場及び環境法規に従って管理された条件下で使用される場合に限り，適用されない［CLP規則 第1条(2)(d)を参照］．しかしながら，科学的研究開発用物質又は混合物が輸入又は第三者に供給されると（例えば，大学から別の研究機関にサンプルを送付することによって，あるいはそのようなサンプルを輸入することによって），これは“上市”とみなされる［CLP規則 第2条(18)及びECHAのよくある質問FAQ ID＝185を参照］．このような状況において，CLP規則は，供給者又は輸入者が，CLP基準により入手可能な情報に従って分類し，危険・有害な物質又は混合物に表示し包装することを求めている．結果として，輸入者はまた，たとえ自分自身の使用のためだけであっても，輸入物質を分類し，表示する必要がある．

分類，表示及び包装の義務（CLP 規則 第 4 条）は，物質の量に関係なく，適用されることに注意しなければならない．したがって，このことは，また，試験所又は実験室に供給される少量の物質又は混合物にも関係している．

さらに注意すべきは，ポリマーである．REACH では，ポリマーは登録の対象ではなく，その構成モノマーが登録の対象となっているが，CLP では，ECHA 発行のガイダンス“Guidance for monomers and polymers[15)]”に明確に示されているように，ポリマーの製造者及び輸入者は CLP に従って，ポリマーそのものを分類し，その結果に応じて表示しなければならない．

1.10　CLP において定義されている用語

CLP の第 2 条（定義）では，表 1.4 に示す用語に定義が与えられている．この中で注意すべき用語を取り上げて，説明を加えておく．

表 1.4　CLP において定義されている用語

1.	危険・有害性クラス	9.	成形品
2.	危険・有害性区分	10.	成形品の生産者
3.	危険・有害性絵表示	11.	ポリマー
4.	注意喚起語	12.	モノマー
	(a) 危険（Danger）	13.	登録者
	(b) 警告（Warning）	14.	製造
5.	危険有害性情報	15.	製造者
6.	注意書き	16.	輸入
7.	物質	17.	輸入者
8.	混合物	18.	上市

表 1.4 （続き）

19.	川下ユーザー	29.	届出者
20.	物流業者	30.	科学的研究開発
21.	中間体	31.	カットオフ値
22.	非単離中間体	32.	濃度限界
23.	ECHA	33.	区別（differentiation）
24.	管轄官庁	34.	M-ファクター
25.	使用	35.	包装
26.	供給者	36.	包装材
27.	合金	37.	中間包装材
28.	UN RTDG		

その1は，7. 物質である．CLPでは，「物質は，化学元素及び自然の状態において又は何らかの製造プロセスから得られるその化合物を意味し，安定性を保持するために必要なあらゆる添加物や，使用するプロセスから生じるあらゆる不純物が含まれる．しかし，その物質の安定性に影響することなく，又はその組成を変えずに分離することのできるあらゆる溶剤を除く.」と定義されており，純物質ばかりではなく，複数の成分からなる複合体の場合がありうることを認識しておく必要がある．詳細は，ECHAのウェブサイト“What is a substance?[16)]”を参照いただきたい.

その2は，31. カットオフ値と32. 濃度限界で，これらの用語は国連GHSでは同意として扱われているが，CLPではそれぞれ異なる意味を与えて使い分けている.

カットオフ値（cut-off value）は，「物質又は混合物について個々に分類が必要な場合，その物質又は混合物に含有される分類された不純物，添加物又は各構成要素の閾値であり，この閾値を超えるとこれらの存在を判断時の考慮に入れなければならないもの」と定義されている．附属書Iに基本的なカットオフ値（generic cut-off value）が与えられている．この中から皮膚腐食性/刺激性を抜粋し，表1.5に示す．物質又は混合物の皮膚腐食性/刺激性を分類する際には，その物質又は混合物に1%以上含有する成分等の物質は考慮しなければならない．

表1.5　基本的なカットオフ値

危険・有害性分類	考慮すべき基本的なカットオフ値
皮膚腐食性/刺激性	1%（1）
注（1）：又は＜1%（関連する場合，3.2.3.3.1. を参照）	

［出典：Regulation (EC) No 1272/2008 of the European Parliament and of the Council, ANNEX I, Table1.1（抜粋）[4]］

一方，濃度限界は，「物質又は混合物について個々の分類の契機となるかもしれない，物質又は混合物中の分類された不純物，添加物又は各構成要素の閾値」と定義されている．附属書Iのセクション3.2に示されている皮膚腐食性/刺激性に分類された成分の基本的な濃度限界を表1.6に示す．例えば，物質又は混合物の皮膚腐食性/刺激性を分類する際には，その物質又は混合物に合計で1%以上，5%未満の量の皮膚腐食性区分1の物質を含有すれば，その物質又は混合物は皮膚刺激性区分2に分類することになる．

表1.6　加成方式が適用される場合，混合物を皮膚腐食性/皮膚刺激性として分類する契機となる，皮膚腐食性（区分1，1A，1B又は1C）/皮膚刺激性（区分2）として分類される成分の基本的な濃度限界

各成分の合計による分類	混合物を分類するための成分濃度	
	皮膚腐食性	皮膚刺激性
	区分1（注記参照）	区分2
皮膚腐食性区分1A，1B及び1C	≧5%	≧1%，＜5% （1%以上5%未満）
皮膚刺激性区分2		≧10%
（10×皮膚腐食性区分1A，1B，1C）+ 皮膚刺激性区分2		≧10%

［出典：Regulation (EC) No 1272/2008 of the European Parliament and of the Council, ANNEX I, Table3.2.3（ただし，“Note（注記）”を省略）[4]］

その3は，33. 区別（differentiation）である．この用語は国連GHSにも

登場しているが，明確な定義が示されておらず，それ程馴染みのあるものではない．CLPでは，「区別（differentiation）とは，ばく露経路又は影響の性質に応じた危険・有害性クラス内の区別（distinction）を意味する.」と定義しており，具体的には急性毒性における経口，経皮，吸入や感作性における呼吸器又は皮膚等である．

1.11 CLPにおける自社の立場

EUで化学製品を取り扱う事業を行う際には，CLPが自社に適応されるかどうか，正しく認識しておく必要がある．ECHAのウェブサイト“Q&As[17)]”にあるCLPのUnderstanding CLPの中に“Does CLP apply to me? (CLPが，自社に適用されるか？)”の回答が次のように示されており参考になる．

CLPが，自社に適用されるか？

CLPは，化学物質又は混合物を製造，輸入，使用，又は流通させる事業者に適用される．その事業者は，年間のトン数には関係なく，EU市場に出す前にCLPに従って，物質又は混合物を分類し，ラベルを貼付し，包装しなければならない．物質又は混合物を市場に出すということは，支払いの対価や無償にかかわらず，第三者がそれを物理的に利用できるようにすることを意味する．

製造者又は輸入者であれば，REACHの第7条又は第9条に従って登録又は届出の対象となる物質を，例え市場に出さなくても，CLPに基づいて分類することが求められる．これには，例えばPPORD（Product and Process-Orientated Research and Development：製品・プロセス指向研究開発）に使用される物質の分類も含まれる．

製造者又は輸入者であれば，製造又は輸入の年間のトン数に関係なく，物質そのもので，又は特定の適用される濃度限界を超えて危険・有害な混合物に含まれる危険・有害な物質，並びにREACHでの登録対象で市場に出す物質は，ECHAにおいて確立された分類・表示インベントリーに届出しなければならない．ただし，CLPに基づく届出に関連する情報を，登録の一部としてすでに提出している場合は，届出の義務は適用されない．

ここで登場する人物は，製造者，輸入者，使用者である川下ユーザー及び流通業者のわずか4者のみである（図1.8）．EU域外の事業者やREACHでEU域外事業者が指名し登録を行うことができるOR（Only Representative：唯一の代理人）が，CLPには登場しないことに注意を払うべきである．

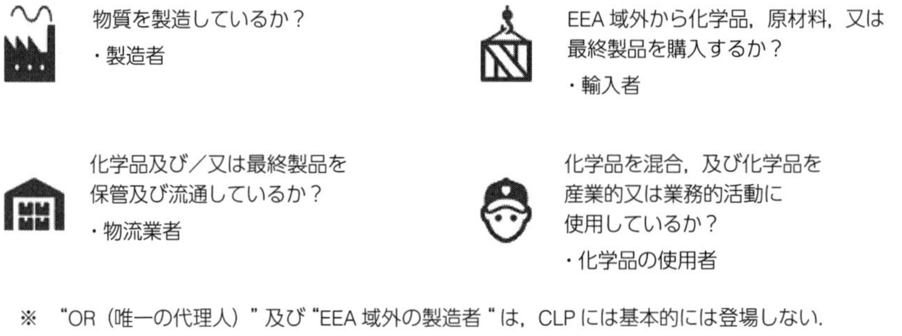

図1.8 CLPに係る事業者[19)]

製造者，輸入者，川下ユーザー及び流通業者並びにそれらに関連して，製造，輸入及び使用は，それぞれ次のとおり，定義されている．

第2条（定義）

14. 製造は，生産又は自然状態にある物質の抽出を意味する．
15. 製造者は，共同体内で物質を製造する共同体内に所在するあらゆる自然人又は法人を意味する．
16. 輸入は，共同体の関税地域への物理的導入を意味する．
17. 輸入者は，輸入に対して責任を持つ，共同体内に所在するあらゆる自然人又は法人を意味する．

19. 川下ユーザーは，製造者又は輸入者以外の共同体内に所在するあらゆる自然人又は法人であって，その工場的な又は業務的な活動において，物質そのもの又は混合物中の物質のいずれかを使用するものを意味する．流通業者及び消費者は，川下ユーザーではない．規則（EC）No 1907/2006 の第 2 条(7)(c)に従って免除された再輸入者は，川下使用者とみなされるものとする．
20. 流通業者は，小売業者を含め共同体内に所在するあらゆる自然人又は法人であって，物質そのもの又は混合物中の物質を，第三者のために貯蔵及び上市のみを行うものを意味する．
25. 使用は，あらゆる加工，調合，消費，貯蔵，保管，処理，容器への充填，一つの容器から他の容器への移し変え，混合，成形品の製造又はその他あらゆる利用を意味する．

川下ユーザーは，化学品を工場的な又は業務的な活動において使用するものと定義されているが，REACH 及び CLP における“使用”には，非常に広範な作業や活動が含まれていることを認識しておく必要がある．川下ユーザーは，化学品を使用する場所によって，表 1.7 のように二つに区分されている．この区分は，第 3 章で言及するポイズンセンターへの届出提出情報の調和に関する委員会規則の適用日に関連するなど重要である．

表 1.7　川下ユーザーの区分（工場使用者及び業務使用者）について

川下ユーザー	概　　要
工場使用者： Industrial users	規模の大小にかかわらず，工場敷地（サイト）で化学製品を使用する労働者
業務使用者： Professional users	ワークショップ，顧客サイト，教育機関，医療機関など，工場施設外で化学製品を使用する労働者 　業務的使用を伴う小事業のその他の典型例には，建設及びモバイルクリーニング会社又は専門画家が含まれる．

［出典：Chemical safety in your business Introduction for SMEs[18)]］

ECHA の “Getting started[19]” では，各立場の条件と各立場において実施すべき事項が示されているので，それらを参考にして，自社の立場を明確に把握することが望まれる．

1.12　CARACAL 会議

CLP の改正等に大きな影響があることから，やや唐突の感は否めないが，ここで CARACAL 会議[20]に触れておきたい．CARACAL（Competent Authorities for REACH and CLP：REACH と CLP の管轄当局）は，REACH 及び CLP に関連する疑問に関して欧州委員会及び ECHA に助言する専門家グループで，2004 年 5 月に設立され，2009 年 3 月に現在の名称に改名されている．

REACH 及び CLP の加盟国の管轄当局の代表者，EEA-EFTA（European Economic Area-European Free Trade Association：欧州経済領域—欧州自由貿易連合）諸国の管轄当局の代表者，EU 以外の国や国際機関，及び利害関係者からなる多数のオブザーバーで構成されており，REACH 及び CLP の運用における疑問や課題の解決，並びに両法律の改正に係る方向性が議論される重要な会議体である．

CARACAL 会議は，およそ年に 3 回開催され，1 回の会議で相当多くの資料が準備されており，開催時点での REACH 及び CLP に関連した課題とその対応措置を知ることができる．資料及び議事録は，欧州委員会のウェブサイト CIRCABC（Communication and Information Resource Centre for Administrations, Businesses and Citizens）[21] で公開されている．

引用・参考資料

1）https://rnavi.ndl.go.jp/politics/entry/eu-law.php

2）https://dl.ndl.go.jp/view/download/digidepo_3050721_po_02490002.pdf?contentNo=1

3）https://ec.europa.eu/info/law/law-making-process/types-eu-law_en

4）https://echa.europa.eu/regulations/clp/legislation

5）https://echa.europa.eu/view-article/-/journal_content/title/echa-weekly-27-november-2019

6）https://www.youtube.com/watch?v=FiuCBwxD2Y0

7）https://echa.europa.eu/information-on-chemicals/ec-inventory

8）https://eur-lex.europa.eu/legal-content/EN/TXT/?uri=CELEX:52001DC0088

9）https://ec.europa.eu/environment/chemicals/labelling/history_en.htm

10）https://echa.europa.eu/regulations/reach/legislation

11）https://www.soumu.go.jp/g-ict/international_organization/eu/pdf_contents.html

12）https://commons.wikimedia.org/wiki/File:EEA.svg?uselang=ja

13）https://ec.europa.eu/growth/sectors/chemicals/ec-support_en

14）http://chemical-net.env.go.jp/semi_bn_2015.html#sem1

15）https://echa.europa.eu/guidance-documents/guidance-on-reach

16）https://echa.europa.eu/support/substance-identification/what-is-a-substance

17）https://www.echa.europa.eu/web/guest/support/qas-support/browse

18）https://echa.europa.eu/support/small-and-medium-sized-enterprises-smes

19）https://echa.europa.eu/support/getting-started

20）https://ec.europa.eu/environment/chemicals/reach/competent_authorities_en.htm

21）https://circabc.europa.eu/ui/group/a0b483a2-4c05-4058-addf-2a4de71b9a98/library/84998de9-01ff-4434-b566-85367d2fae5b

第2章　CLPの解説

CLPは，前章で記述したように，国連GHSをEUに導入するための法律ではあるが，多くのEU独自の規則も盛り込まれている．本章では次に示すようにCLPを構成する各要素について解説する．加えて，CLPと国連GHSとの関係及びCLPが今後どのように改正されていくのかその方向について概観しておきたい．

なお，2017年に新たに附属書VIIIとしてCLPに追加されたポイズンセンターへの届出情報の調和については，内容量が多く第3章で個別に取り上げることにする．

2.1　共通事項
2.2　分類（Classification）
2.3　表示（Labelling）
2.4　包装（Packaging）
2.5　広告（第48条）
2.6　ECHAへのC&L届出と分類・表示インベントリー
2.7　調和分類・表示とCLP改正（ATP対応）
2.8　懸念物質の管理
2.9　執行（Enforcement）
2.10　CLPと国連GHSとの関係及び今後のCLP改正の方向

2.1　共通事項

ここでは，CLPでの共通事項として，CLPで対象とする物理化学的危険性，健康有害性，環境有害性の各項目である危険・有害性クラス及びCLPの原則である分類，表示及び包装の一般的義務を取り上げることにする．

2.1.1　CLPで対象とする危険・有害性クラス

CLPで対象とする危険・有害性クラスは，附属書Iのパート2～パート5に示されており，2022年時点で2017年に発行された国連GHS改訂第7版と同じである（表2.1）．

国連GHSにおいて環境に対する有害性の一つであるオゾン層への有害性は，CLPでは附属書Iのパート5“追加の有害性”に取り上げられている．オゾン層への有害性は，国連GHSでは2009年に発行された改訂第3版に取り入れられたが，CLPでは2008年の初版においてすでに規定されており，当時は国連GHSに項目がなかったため，CLPでは附属書Iのパート5“追加の有害性”の中で設定され，現在もそのままの形が継続されているのである．

このことは，CLPで規定された有害性が，国連GHSに取り入れられたと理解される．

表2.1　CLPで対象とする危険・有害性クラス（附属書I）

パート	分類	セクション	危険・有害性クラス
パート2	物理的危険性	2.1.	爆発物
		2.2.	可燃性ガス
		2.3.	エアゾール
		2.4.	酸化性ガス
		2.5.	高圧ガス
		2.6.	引火性液体
		2.7.	可燃性固体
		2.8.	自己反応性化学品
		2.9.	自然発火性液体
		2.10.	自然発火性固体
		2.11.	自己発熱性化学品
		2.12.	水反応可燃性化学品
		2.13.	酸化性液体

表 2.1　（続き）

パート	分類	セクション	危険・有害性クラス
パート 2	物理的危険性	2.14.	酸化性固体
		2.15.	有機過酸化物
		2.16.	金属腐食性化学品
		2.17.	鈍性化爆発物
パート 3	健康に対する有害性	3.1.	急性毒性
		3.2.	皮膚腐食性 / 刺激性
		3.3.	眼に対する重篤な損傷性 / 眼刺激性
		3.4.	呼吸器感作性又は皮膚感作性
		3.5.	生殖細胞変異原性
		3.6.	発がん性
		3.7.	生殖毒性
		3.8.	特定標的臓器毒性—単回ばく露
		3.9.	特定標的臓器毒性—反復ばく露
		3.10.	誤えん有害性
パート 4	環境に対する有害性	4.1.	水生環境有害性
パート 5	追加の有害性	5.1.	オゾン層への有害性

これらの危険・有害性クラスにおいて採用された区分を表 2.2 に示す．1.2.2（CLP 制定までの経緯）で紹介した比例原則を踏まえ，国連 GHS のビルディング・ブロックを適用して，CLP では表 2.2 で濃灰色地としている引火性液体 区分 4，急性毒性（経口，経皮，吸入）区分 5，皮膚腐食性 / 刺激性 区分 3，眼に対する重篤な損傷性 / 眼刺激性 区分 2 の細区分，誤えん有害性 区分 2 及び水生環境有害性 短期（急性）区分 2 と区分 3 が採用されていない．

表 2.2 CLP の各危険・有害性クラスで採用された区分

<table>
<tr><th>パート</th><th>分類</th><th colspan="3">危険・有害性クラス</th><th colspan="7">区分 等</th></tr>
<tr><td rowspan="19">パート2</td><td rowspan="19">物理的危険性</td><td>2.1.</td><td colspan="2">爆発物</td><td>不安定爆発物</td><td>等級 1.1</td><td>等級 1.2</td><td>等級 1.3</td><td>等級 1.4</td><td>等級 1.5</td><td>等級 1.6</td></tr>
<tr><td rowspan="3">2.2.</td><td rowspan="3">可燃性ガス</td><td></td><td colspan="3">区分 1A</td><td rowspan="3">区分 1B</td><td rowspan="3">区分 2</td><td colspan="2" rowspan="3">–</td></tr>
<tr><td rowspan="2">該当すれば</td><td rowspan="2">自然発火性ガス</td><td colspan="2">化学的に不安定なガス</td></tr>
<tr><td>区分 A</td><td>区分 B</td></tr>
<tr><td>2.3.</td><td colspan="2">エアゾール</td><td>区分 1</td><td>区分 2</td><td>区分 3</td><td colspan="4">–</td></tr>
<tr><td>2.4.</td><td colspan="2">酸化性ガス</td><td>区分 1</td><td colspan="6">–</td></tr>
<tr><td>2.5.</td><td colspan="2">高圧ガス</td><td>圧縮ガス</td><td>液化ガス</td><td>深冷液化ガス</td><td>溶解ガス</td><td colspan="3">–</td></tr>
<tr><td>2.6.</td><td colspan="2">引火性液体</td><td>区分 1</td><td>区分 2</td><td>区分 3</td><td>区分 4</td><td colspan="3">–</td></tr>
<tr><td>2.7.</td><td colspan="2">可燃性固体</td><td>区分 1</td><td>区分 2</td><td colspan="5">–</td></tr>
<tr><td>2.8.</td><td colspan="2">自己反応性化学品</td><td>タイプ A</td><td>タイプ B</td><td>タイプ C</td><td>タイプ D</td><td>タイプ E</td><td>タイプ F</td><td>タイプ G</td></tr>
<tr><td>2.9.</td><td colspan="2">自然発火性液体</td><td>区分 1</td><td colspan="6">–</td></tr>
<tr><td>2.10.</td><td colspan="2">自然発火性固体</td><td>区分 1</td><td colspan="6">–</td></tr>
<tr><td>2.11.</td><td colspan="2">自己発熱性化学品</td><td>区分 1</td><td>区分 2</td><td colspan="5">–</td></tr>
<tr><td>2.12.</td><td colspan="2">水反応可燃性化学品</td><td>区分 1</td><td>区分 2</td><td>区分 3</td><td colspan="4">–</td></tr>
<tr><td>2.13.</td><td colspan="2">酸化性液体</td><td>区分 1</td><td>区分 2</td><td>区分 3</td><td colspan="4">–</td></tr>
<tr><td>2.14.</td><td colspan="2">酸化性固体</td><td>区分 1</td><td>区分 2</td><td>区分 3</td><td colspan="4">–</td></tr>
<tr><td>2.15.</td><td colspan="2">有機過酸化物</td><td>タイプ A</td><td>タイプ B</td><td>タイプ C</td><td>タイプ D</td><td>タイプ E</td><td>タイプ F</td><td>タイプ G</td></tr>
<tr><td>2.16.</td><td colspan="2">金属腐食性化学品</td><td>区分 1</td><td colspan="6">–</td></tr>
<tr><td>2.17.</td><td colspan="2">鈍性化爆発物</td><td>区分 1</td><td>区分 2</td><td>区分 3</td><td>区分 4</td><td colspan="3">–</td></tr>
<tr><td rowspan="9">パート3</td><td rowspan="9">健康に対する有害性</td><td>3.1.</td><td colspan="2">急性毒性（経口，経皮，吸入）</td><td>区分 1</td><td>区分 2</td><td>区分 3</td><td>区分 4</td><td>区分 5</td><td colspan="2">–</td></tr>
<tr><td rowspan="2">3.2.</td><td colspan="2" rowspan="2">皮膚腐食性 / 刺激性</td><td colspan="3">区分 1</td><td rowspan="2">区分 2</td><td rowspan="2">区分 3</td><td colspan="2" rowspan="2">–</td></tr>
<tr><td>区分 1A</td><td>区分 1B</td><td>区分 1C</td></tr>
<tr><td rowspan="2">3.3.</td><td colspan="2" rowspan="2">眼に対する重篤な損傷性 / 眼刺激性</td><td rowspan="2">区分 1</td><td colspan="2">区分 2</td><td colspan="4" rowspan="2">–</td></tr>
<tr><td>区分 2A</td><td>区分 2B</td></tr>
<tr><td rowspan="2">3.4.</td><td colspan="2" rowspan="2">呼吸器感作性又は皮膚感作性</td><td colspan="2">区分 1</td><td colspan="5" rowspan="2">–</td></tr>
<tr><td>区分 1A</td><td>区分 1B</td></tr>
<tr><td rowspan="2">3.5.</td><td colspan="2" rowspan="2">生殖細胞変異原性</td><td colspan="2">区分 1</td><td rowspan="2">区分 2</td><td colspan="4" rowspan="2">–</td></tr>
<tr><td>区分 1A</td><td>区分 1B</td></tr>
</table>

表 2.2　（続き）

<table>
<tr><th>パート</th><th>分類</th><th colspan="3">危険・有害性クラス</th><th colspan="5">区分 等</th></tr>
<tr><td rowspan="8">パート3</td><td rowspan="8">健康に対する有害性</td><td rowspan="2">3.6</td><td colspan="2" rowspan="2">発がん性</td><td colspan="2">区分 1</td><td rowspan="2">区分 2</td><td colspan="2" rowspan="2">–</td></tr>
<tr><td>区分 1A</td><td>区分 1B</td></tr>
<tr><td rowspan="2">3.7</td><td colspan="2" rowspan="2">生殖毒性</td><td colspan="2">区分 1</td><td rowspan="2">区分 2</td><td rowspan="2">授乳に対する又は授乳を介した影響</td><td rowspan="2">–</td></tr>
<tr><td>区分 1A</td><td>区分 1B</td></tr>
<tr><td rowspan="2">3.8</td><td colspan="2" rowspan="2">特定標的臓器毒性（単回ばく露）</td><td rowspan="2">区分 1</td><td rowspan="2">区分 2</td><td colspan="2">区分 3</td><td rowspan="2">–</td></tr>
<tr><td>気道刺激性</td><td>麻酔作用</td></tr>
<tr><td>3.9</td><td colspan="2">特定標的臓器毒性（反復ばく露）</td><td>区分 1</td><td>区分 2</td><td colspan="3">–</td></tr>
<tr><td>3.10</td><td colspan="2">誤えん有害性</td><td>区分 1</td><td>区分 2</td><td colspan="3">–</td></tr>
<tr><td rowspan="2">パート4</td><td rowspan="2">環境に対する有害性</td><td rowspan="2">4.1.</td><td rowspan="2">水生環境有害性</td><td>短期（急性）</td><td>区分 1</td><td>区分 2</td><td>区分 3</td><td colspan="2">–</td></tr>
<tr><td>長期（慢性）</td><td>区分 1</td><td>区分 2</td><td>区分 3</td><td>区分 4</td><td>–</td></tr>
<tr><td>パート5</td><td>追加の有害性</td><td>5.1.</td><td colspan="2">オゾン層への有害性</td><td>区分 1</td><td colspan="4">–</td></tr>
</table>

注　濃灰地の区分は CLP では採用されていない.

2.1.2　CLP の原則：分類，表示及び包装の一般的義務

CLP の原則的規定として，第 4 条に分類，表示及び包装の一般的義務が定められている.

第 4 条（分類，表示及び包装の一般的義務）

1. 製造者，輸入者及び川下ユーザーは物質又は混合物を上市する前に，第 II 編に従ってそれらを分類しなければならない.
2. 第 1 項の要件を侵害することなく，製造者，成形品の生産者及び輸入者は次の場合，販売されないこれらの物質を第 II 編に従い分類しなければならない.

(a) 規則（EC）No 1907/2006の第6条，第7条(1)又は(5)，第17条又は第18条が物質の登録を規定している
(b) 規則（EC）No 1907/2006の第7条(2)又は第9条が届出を規定している.

3. 物質が附属書VIのパート3への掲載を通して，第V編に従った調和分類と表示の対象である場合，当該物質はその掲載に従って分類されなければならず，その掲載に包含される危険・有害性クラス又は区別については，第II編に従って当該物質の分類を行ってはならない.
ただし，その物質が附属書VIのパート3における掲載に包含されていない一つ以上の危険・有害性クラス又は区別にも該当する場合には，そのような危険・有害性クラス又は区別について第II編に従って分類が行われるものとする.
4. 物質又は混合物が危険・有害性と分類される場合，供給者はその物質又は混合物が上市される前に，第III編及び第IV編に従って表示及び包装されることを確実にしなければならない.
5. 第4項での責任を果たすにあたり，流通業者は，サプライチェーンの行為者によって第II編に従って導出された物質又は混合物の分類を使用してもよい.
6. 第1項及び第4項での責任を果たすにあたり，川下ユーザーは，物質又は混合物の組成を変えない限り，サプライチェーンの行為者によって第II編に従って導出された物質又は混合物の分類を使用してもよい.
7. 危険・有害性と分類された物質を含む附属書IIのパート2に言及される混合物は，第III編に従った表示がなければ，上市されてはならない.
8. 本規則の目的で，附属書Iのセクション2.1に言及される成形品は，上市される前に物質及び混合物の規則に従って分類，表示及び包装されなければならない.
9. サプライチェーンの中の供給者は，本規則での分類，表示及び包装の

要件を満たすために協力しなければならない.
10. 物質及び混合物は，本規則に適合しない限り，上市されてはならない.

この条文は，極めて重要であるため，次に要点を整理しておく.

・製造者，輸入者，川下ユーザーの義務：物質又は混合物の分類は上市前に実施する（第 II 編に従う）.
・製造者，成形品の生産者，輸入者の義務：サイト内単離中間体などで販売されない物質であっても，REACH の登録又は届出の対象であれば分類を実施する（第 II 編に従う）.
・供給者の義務：物質又は混合物の表示・包装は上市前に実施する（第 III 編及び第 IV 編に従う）.
・川下ユーザーへの配慮：サプライチェーンの中の行為者による分類を使用してもよい（組成を変更しない限り）.
・流通業者への配慮：サプライチェーン中の行為者による分類を使用してもよい.
・附属書 VI のパート 3“調和分類・表示”物質：当該規定事項に基づいて分類する（第 II 編に従った分類は行わない）.
・危険・有害な物質を含む附属書 II のパート 2（補足ラベル要素）の混合物：第 III 編に従って表示しなければ，上市してはならない.
・サプライチェーンの中の供給者は本要件のために協力する.

特に，本条の最終にある「物質及び混合物は，CLP に適合しない限り，上市されてはならない.」は，EU で化学製品を取り扱う事業者は深く心に刻んでおく必要がある.

2.2　分類（Classification）

CLP の主要な目的の一つは，物質又は混合物が危険・有害な特性を有するかどうかを判断することである．そのために，物質又は混合物に関する物理化学的性状や毒性データなどの情報がCLPの分類基準を満たすかどうか検討し，満たす場合には特定の危険・有害性クラス及びカテゴリーを割り当てることによって，物質又は混合物の危険・有害性が特定される．このプロセスが，化学品の危険・有害性分類である．これから，作業手順に従って分類プロセスを記述していくことにする．

2.2.1　分類についての作業手順

EUに化学製品を上市するには，2.1.2項（47ページ参照）で述べたように，製造者，輸入者及び川下ユーザーは，CLPに従って分類しなければならない．ECHA発行のガイダンス“Introductory Guidance on the CLP Regulation[1)]”に提示された作業手順（図2.1）が，物質及び混合物の分類に対して適用できる．

CLPでの分類における中心的原則は，製造者，輸入者又は川下ユーザーは自

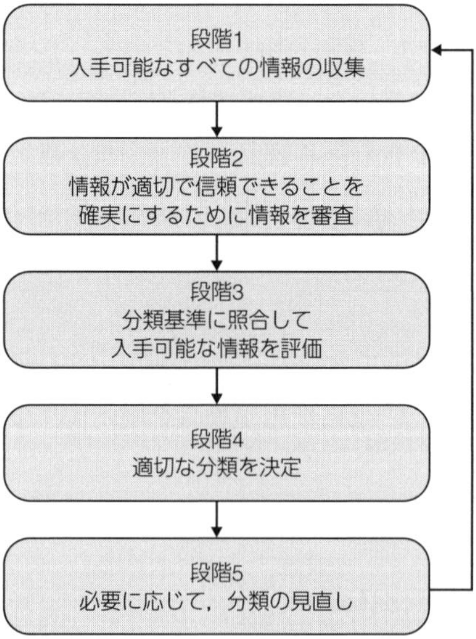

図2.1　ECHAが推奨する分類手順[1)]

社の化学製品である物質又は混合物について“自己分類（self-classification）”するということである．そのために，製造者，輸入者又は川下ユーザーは，まず，入手可能なすべての情報を収集・特定し，それらの情報の信頼性や妥当性などを審査する．次に物理化学的危険性及びヒトの健康・環境への影響に関して特定された情報及びデータを附属書 I に示されている分類判定基準と比較し評価して各項目ごとに分類を決定する．新たな情報を入手した場合や分類判定基準に変更があった場合には，分類結果の見直しを行わなければならない．

特に混合物の分類については，かなりの難しさがあるため，ECHA は図 2.2 に示すウェブサイト“Mixture classification”を立ち上げ，混合物の分類手順を解説している．混合物の分類を行う事業者は活用していただきたい．

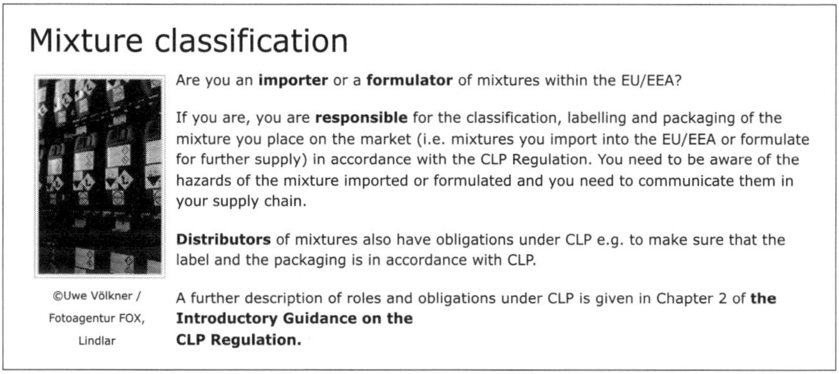

Mixture classification

Are you an **importer** or a **formulator** of mixtures within the EU/EEA?

If you are, you are **responsible** for the classification, labelling and packaging of the mixture you place on the market (i.e. mixtures you import into the EU/EEA or formulate for further supply) in accordance with the CLP Regulation. You need to be aware of the hazards of the mixture imported or formulated and you need to communicate them in your supply chain.

Distributors of mixtures also have obligations under CLP e.g. to make sure that the label and the packaging is in accordance with CLP.

A further description of roles and obligations under CLP is given in Chapter 2 of **the Introductory Guidance on the CLP Regulation.**

©Uwe Völkner / Fotoagentur FOX, Lindlar

図 2.2 ECHA が公開する“混合物の分類”のウェブサイト[2)]

それでは，これから分類における各段階を詳細に述べていきたい．

2.2.2 段階 1：危険・有害性評価のために入手可能なすべての情報の収集・特定

CLP において，危険・有害性を分類するためには関連する入手可能なすべての情報を収集し特定しなければならない．物質の分類に対しては第 5 条で，混合物の分類に対しては第 6 条で，それぞれ入手すべき情報が規定されている．

自社内で保有するデータ，疫学データを含めての文献データ，REACH の附属書XIのセクション1に示される構造活性相関などの適応データ，REACH登録の際にSIEF（Substance Information Exchange Forum：物質情報交換フォーラム）或いはコンソーシアム内で共有されるデータ及び情報など，あらゆる情報を収集しなければならない．コンソーシアムは，REACHの条文には記述されていないが，REACHでの登録などのために関連する化学物質に関する各種データや情報を調査・共有するためにSIEFの下であるいはSIEFをまたいで，自主的に結成される事業者集団である．

国際的に認知された化学プログラムとしては，OECD（Organisation for Economic Cooperation and Development：経済協力開発機構）が公開する“高生産量化学物質（HPV）プログラムによって作成された評価書[3)]”などが挙げられる．しかしこれらの情報がどこから入手できるかわかりにくい場合もある．経済産業省が発行する“事業者向けGHS分類ガイダンス［令和元年度改訂版（Ver.2.0）］[4)]”には，GHS分類するための情報源が優先順位をつけて示されているので，参考になる．

第5条（物質に関する入手可能な情報の特定及び審査）

1. 物質の製造者，輸入者及び川下ユーザーは，その物質が附属書Iに定められた物理的危険性，健康又は環境に対する有害性をもっているかを決定するため，関連する入手可能な情報，特に次の情報を特定しなければならない．
   (a) 第8条(3)で言及されている方法により作成されたデータ
   (b) 疫学データ及びヒトへの影響に関する経験，例えば，職業的データ，事故データベースからのデータ
   (c) 規則（EC）No 1907/2006の附属書XIのセクション1に従って作成されたその他の情報
   (d) 新しい科学的情報
   (e) 国際的に認知された化学プログラムの下で作成されたその他の情報

その情報は，物質が上市され，かつ使用されることが合理的に予期されうる形態又は物理化学的状態に関するものでなくてはならない．

2. 製造者，輸入者及び川下ユーザーは，第1項で言及された情報を検討し，本編の第二章に従う評価のために，その情報が適切で信頼性があり，科学的に妥当であることを確認するために審査しなければならない．

第6条（混合物に関する入手可能な情報の特定及び審査）

1. 混合物の製造者，輸入者及び川下ユーザーは，その混合物が附属書Iに定められた物理的危険性，健康又は環境に対する有害性をもっているかを決定する，その混合物自体又は混合物に含有される物質について関連する入手可能な情報，特に次の情報を特定しなければならない．
   (a) 混合物自体又は混合物に含有される物質に関する，第8条(3)で言及される，いずれかの方法に従って作成されたデータ
   (b) 混合物自体又は混合物に含有される物質に関する，疫学データ及びヒトへの影響に関する経験，例えば，職業的データ，事故データベースからのデータ
   (c) 混合物自体又は混合物に含有される物質に対して，規則（EC）No 1907/2006の附属書XIのセクション1に従って作成されたその他の情報
   (d) 混合物自体又は混合物に含有される物質に対して，国際的に認知された化学プログラムの下で作成されたその他の情報

その情報は，混合物が上市され，かつ使用されることが合理的に予期されうる形態又は物理化学的状態に関するものでなくてはならない．

2. 第3項及び第4項に従い，第1項に言及された情報が混合物自体について入手可能であり，かつ製造者，輸入者及び川下ユーザーが，その情報は適切で信頼性があり，該当する場合，科学的に妥当であることを確認できた場合には，その製造者，輸入者及び川下ユーザーは，本

編の第二章に従った評価の目的でその情報を使用しなければならない.

3. 附属書Iのセクション3.5.3.1, 3.6.3.1及び3.7.3.1で言及される危険・有害性クラス“生殖細胞変異原性”,“発がん性”及び“生殖毒性”に関する本編の第二章に従った混合物の評価に対しては, 製造者, 輸入者又は川下ユーザーはその混合物中の物質について, 第1項で言及された関連する入手可能な情報のみを使用しなければならない.
さらに, 混合物自体に関する入手可能な試験データが, 個々の物質に関する情報から特定されていなかった生殖細胞変異原性, 発がん性又は生殖毒性の影響を証明している場合には, それらのデータも考慮されなければならない.
4. 附属書Iのセクション4.1.2.8及び4.1.2.9に言及される危険・有害性クラス“水生環境有害性”の中の“生分解及び生物蓄積性”に関する本編の第二章に従った混合物の評価に対しては, 製造者, 輸入者又は川下ユーザーはその混合物中の物質について, 第1項で言及された関連する入手可能な情報のみを使用しなければならない.
5. 第1項で言及された種類の, 混合物自体に関する試験データが入手できない又は不適切なデータしか入手できない場合には, 製造者, 輸入者又は川下ユーザーは, 個々の物質並びにその混合物が危険・有害性であるかを判断する目的に関係するとみなしてもよい類似の試験された混合物に関する他の情報を使用しなければならない. これは, その製造者, 輸入者及び川下ユーザーが, その情報は第9条(4)に従った評価の目的に対して適切で信頼性があることを確認したという条件においてである.

危険・有害性を分類するための情報を収集するにあたって, 注意すべき事項が, 第5条～第8条に示されている. それらの要点を次に列記する.

・危険・有害性を分類するための情報は, 上市及び使用の際の物質又は混合物の形態又は物理化学的状態に関するものとする. 水を例にとってみると,常温であれば液体であり，氷点下であれば氷，高温であれば水蒸気として存在する．上市及び使用での当該物質又は混合物の状態を予期して，その状態での情報を収集するようにしなければならない．

・混合物の分類に関して，基本は第2項に記されている混合物自体についての情報があれば，その情報を使用して分類することであるが，生殖細胞変異原性，発がん性及び生殖毒性，いわゆるCMR特性と水生環境有害性に関係する生分解性，生物濃縮性を分類・評価する際には，その混合物を構成する各物質に基づいて分類する．このことは，CLPの元となる国連GHSにも示されているが，十分に認識されていないように思われ，注意が必要である．

CLPに基づいて分類する際に，データが欠如しているために，試験を行ってデータを採取することを考慮しなければならない状況が起こるかもしれない．

このような場合の注意事項が，第7条（動物及びヒトでの試験）及び第8条（物質及び混合物についての新規情報の作成）に規定されている．

第7条では，「本規則の目的のために新試験が実施される場合，動物試験は，他のいかなる代替方法でも適切な信頼性と品質のデータが得られない場合にのみ行うようにしなければならない」と規定されている．動物試験は，データを入手する際の最終手段と位置付けられている訳である．さらに本規則の目的のためのヒト以外の霊長類にかかわる試験は禁止されており，ヒトにかかわる試験は行ってはならない，と明言されている．

第8条（物質及び混合物に関する新規情報の作成）では，新たに試験をする際の注意事項が規定されている．

まず，物理化学的危険性については，第2項で記載されているように，適切で信頼性のある情報が入手できない場合には，試験を実施しなければならない．この新たな試験は，第5項で規定されているとおり，2014年1月1日以降は，関連する認証された品質システムに適合するか，又は関連する認証基準に適合する試験機関によって実施されなければならない．

一方，健康又は環境有害性については，REACHの附属書XIのセクション1に規定されたルールである定性的又は定量的構造活性相関［Q（SAR）］などを含む，その他のあらゆる情報作成方法で必要な情報が得られなかった場合に，新たに試験を実施してもよい，としている．この場合の試験は，REACHの第13条(3)に言及されている試験方法，国際的に認知された信頼できる科学的原理又は国際的な手順に従って検証された方法に基づき，GLP（Good Laboratory Practice：優良試験所規範）に従って，若しくは欧州委員会又はECHAにより同等と認められた国際標準に従って実施されなければならない．

これらの試験に用いる対象物質又は混合物は，上市される際の，及び使用される際に合理的に予期されうる形態又は物理化学的状態のものでなければならない．

2.2.3　段階2：収集・特定した情報の審査

分類のために収集された試験データなどは，ECHAが発行するガイダンス“Guidance on information requirements and chemical safety assessment Part B：Hazard assessment[5]”等を参照して，表2.3に示す．信頼性（Reliability），妥当性（Relevance），適切性（Adequacy）の観点から，データの質を確認する必要がある．

各用語の意味するところが前述のガイダンス[5]の説明のみでは容易に理解できないため，表2.3の右欄には経済産業省発行“政府向けGHS分類ガイダンス［令和元年度改訂版（Ver.2.0）］[4]”での解釈を付記させていただいた．

表2.3　データの質における確認項目

項目	内容	
	REACHガイダンス	政府向けGHS分類ガイダンス
信頼性：Reliability	好ましくは標準化された方法論とその方法に関連し，実験手順と結果が，見出したものの明確さと妥当性の証拠を提供するように記述された試験報告書又は出版物の固有の品質	実施試験は標準的方法（TG：Test Guideline）やGLP（Good Laboratory Practice：優良試験所基準）に基づいているか（科学的に明確な証拠を十分に提示しているか）．

表 2.3　（続き）

項目	内容	
	REACH ガイダンス	政府向け GHS 分類ガイダンス
妥当性：Relevance	データ及び試験が，特有の危険・有害性の特定又はリスクの判定に対して適切であるかの程度	用いた試験法や得られたデータは，ヒトにおける有害性評価への利用に妥当か.
適切性：Adequacy	危険・有害性／リスクの評価の目的に対する，データの有用性	用いた試験法や得られたデータは，目的とする危険・有害性／リスク評価に利用可能か（バリデートされた試験か）.

2.2.4　段階 3：物質又は混合物の危険・有害性情報と分類判定基準との比較・評価

物質又は混合物の危険・有害性分類は，収集・特定し信頼性などを確認した関連する危険・有害性情報と附属書 I に規定されている分類判定基準とを比較・評価することによって行う．その際の注意すべき事項などを作業手順に従って記述していく．特に混合物の分類には特定のルールや分類手順が設定されており，注意が必要である．

(1)　基本的なカットオフ値の確認

物質であっても，不純物，添加物又は物質の各構成要素として他の物質を含有している場合がある．混合物は，当然，複数の物質から構成されており，さらに不純物や添加物を含有している場合もある．このように複数の含有成分からなる物質又は混合物を分類するに際して，附属書 I に定められた表 2.4 の基本的なカットオフ値以上の濃度で含有する成分は，指定された有害性クラスにおいて分類対象として考慮されなければならない．

表2.4　基本的なカットオフ値

危険有害性分類		考慮すべき基本的なカットオフ値
急性毒性：	—区分1～区分3	0.1%
	—区分4	1%
皮膚腐食性/刺激性		1% ([1])
眼に対する重篤な損傷性/眼刺激性		1% ([2])
特定標的臓器毒性，単回ばく露	—区分1～区分3	1% ([3])
誤えん有害性		1%
水生環境有害性：	—急性水生毒性，区分1	0.1% ([4])
	—慢性水生毒性，区分1	0.1% ([4])
	—慢性水生毒性，区分2～区分4	1%

注 ([1])：又は＜1%（関連する場合，3.2.3.3.1. を参照）
注 ([2])：又は＜1%（関連する場合，3.3.3.3.1. を参照）
注 ([3])：又は＜1%（関連する場合，3.8.3.4.6. を参照）
注 ([4])：又は＜0.1%（関連する場合，4.1.3.1. を参照）

［出典：Regulation (EC) No 1272/2008 of the European Parliament and of the Council, ANNEX I，Table1.1（抜粋）[6]］

(2) 分類における危険・有害性の評価

分類のために特定された情報は，附属書Iのパート2～パート5に示されている各有害性クラス及び区別の判定基準と比較して評価しなければならない．2.2.2に記述したREACHの第13条(3)に言及されている試験方法等以外の試験方法によって得られたデータについては，その影響を吟味する必要がある．

特定された情報に判定基準が直接的に適用できない場合には，有害性の判定に関係するすべての情報を比較・検討し，専門家の判断を用いて“WoE[7] (Weight of evidence：証拠の重み) 決定法”を適用して評価しなければならない．WoEとは，ECHAによれば，次のa.又はb.のような場合に，いくつかの独立した情報源からの情報の組合わせを使用して，情報要件を満たすのに十分な証拠を提供することであると定義している．

a. 単一の証拠からの情報だけでは，情報要件を満たすのに十分ではない．これは，例えば，既存の研究結果の一つに明らかな欠陥があることによる可能性がある．
b. 個々の研究には異なる又は矛盾する結果がある．

(3) 混合物の分類のための特定ルール

混合物の分類に関する特定のルールが，第 14 条に規定されている．それは，混合物の分類は，混合物中の物質が次の a. ～ c. のいずれかの反応により徐々に他の物質に低濃度で変化していく場合，影響されてはならないというものである．

a. 大気中の気体（特に，酸素，二酸化炭素，水蒸気）との反応
b. 混合物中のその他の物質との反応
c. 自己重合して，オリゴマー又はポリマーを生成

(4) 混合物の健康／環境有害性に関する分類

混合物の健康／環境有害性に関する分類について，ECHA の発行するガイダンス“Guidance on the Application of the CLP Criteria[1)]”は，図 2.3 に示す分類手順を提示している．

混合物の健康／環境有害性を分類するために十分な試験データが入手できていれば，そのデータを用いて分類する．混合物それ自体についての十分な試験データが入手できない，又は不適切なデータしか入手できない場合には，個々の成分並びに含有物質及び試験済みの類似混合物に関する情報を使用して評価することを検討する．それらの情報が適切かつ信頼性があり，科学的に妥当であることを確認できた場合には，国連 GHS においても言及されている“つなぎの原則（Bridging Principles）[8)]”を適用して評価しなければならない．

CLP における“つなぎの原則”は，表 2.5 に示すように七つの原則（手法）から構成されている．

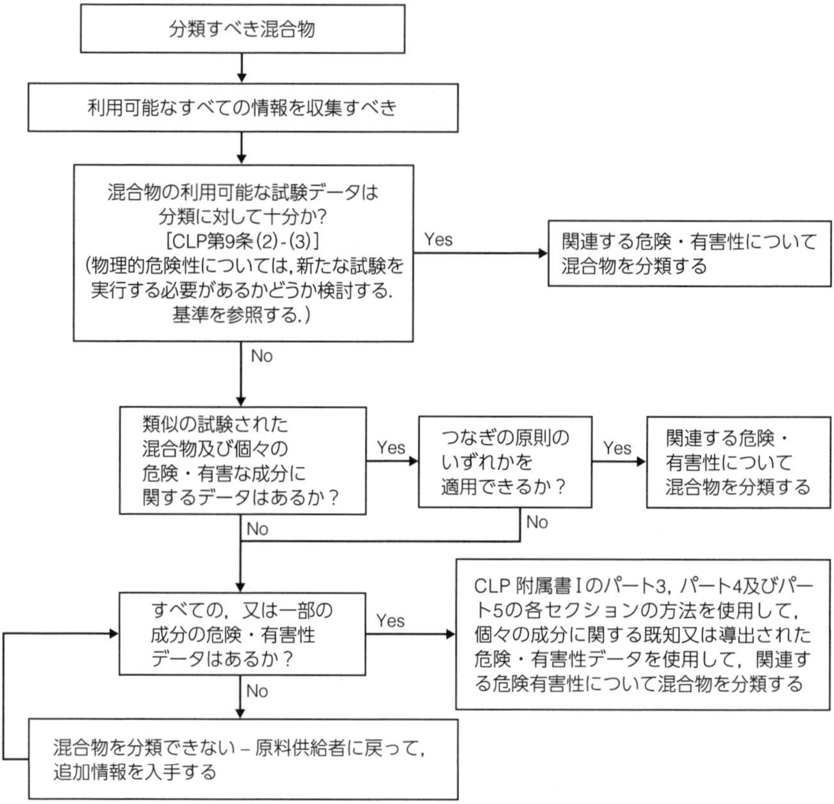

注記：専門家の判断と証拠の重み決定法を使用するための原則[CLP第9条(3)と(4)及び附属書Ⅰのセクション1.1.1]を考慮に入れるべきである。

図 2.3　混合物の分類手順 [1)]

表 2.5　CLP におけるつなぎの原則の概要

No.	項目名	具体的な方法	
		条件	分類結果
1	希釈	最も低毒性の成分と同等以下の毒性の物質で希釈	新しく希釈された混合物は，試験された元の混合物と同等とみなす.（式・表で評価も可）

表 2.5　（続き）

No.	項目名	具体的な方法	
		条件	分類結果
2	製造バッチ	同一商品で未試験の他の製造バッチ	既試験バッチと同等とする.
3	高有害性混合物の濃縮	有害性最高区分に分類される混合物より最高区分の成分の含有量が増加	最高区分に分類する.
4	1つの区分内での内挿	同成分からなる3種の混合物で，その内の未試験混合物の毒性成分が，同一区分の他の2混合物の毒性成分の中間にある.	未試験混合物は他の2混合物と同一区分とする.
5	本質的に同一混合物	同量の同一成分（物質c）と同等の毒性を有する同濃度の異なる成分（物質a，物質b）からなる2種の混合物（a+b，c+b）	2種の混合物は同一分類とする.
6	組成が変化した場合の分類見直し	第15条(2)(a)が適用されるかどうか判断する必要がある場合	表2.6に従って判断する.
7	エアゾール	噴射剤が有害性に影響しない.	非エアゾールと同じ分類とする.

この中の6番目“混合物の組成が変化した場合の分類の見直し”は，CLP独自の“つなぎの原則”である．これは，2.2.6（分類の見直し）とも関連のある内容で，混合物中の単一又は複数の成分等の濃度が初期濃度に対して，表2.6に示す限界値以上に組成が変更する場合には混合物の分類を見直さなければならないというもので，逆にこの範囲内での組成の変化であれば初期濃度に対する分類をそのまま当てはめてもよいという原則である.

表 2.6　混合物の組成での変化に対するつなぎの原則[1)]

組成の初期濃度%	組成の初期濃度に対する許容変動幅
≦2.5%	±30%
2.5＜C≦10%	±20%
10＜C≦25%	±10%
25＜C≦100%	±5%

ECHAが発行する“Guidance on the Application of the CLP Criteria[1]”には次のような例が示されている.

> 例：ある混合物は，二つの有害性成分，物質Aと物質Bの初期濃度に基づいて有害性として分類される．混合物での物質Aと物質Bの初期濃度は，それぞれ2%と12%である.
> 表2.6によれば許容変動幅は，物質Aでは初期濃度の±30%，物質Bでは初期濃度の±10%となる．これは，混合物中の濃度が，CLPの第II編の第二章に従った新しい評価を実行する必要はなく，物質Aでは1.4%～2.6%の間，物質Bでは10.8%～13.2%の間で変化する可能性があることを意味する.
> 物質A：2×±0.3＝±0.6 → 1.4－2.6
> 物質B：12×±0.1＝±1.2 → 10.8－13.2

“つなぎの原則”に関しては，経済産業省が発行する“事業者向けGHS分類ガイダンス［令和元年度改訂版（Ver.2.0)］[4]”においても詳細に説明されているので，参考になる．混合物の健康／環境有害性に関する分類において，これまで述べてきた専門家の判断を用いた“WoE決定法”及び“つなぎの原則”のいずれも適用できない場合には，附属書Iのパート3及びパート4の各有害性クラスに記述されている方法を適用して情報の評価を実施しなければならない．これは国連GHSにおける混合物についての健康／環境有害性に関する分類と同様であるため，ここでは詳細な説明は割愛することにしたい.

(5) 分類での評価における特別な注意事項

これまで述べてきた手順に従って評価を実施した結果，次に示す特性又は影響が把握された場合には，これらを考慮に入れて追加の評価を実施しなければならない.

a. 適切で信頼性のある情報が，実際には物質などの物理的危険性について

試験によって得られた結果と異なることを示している場合

b. 決定的な科学的実験データが，その物質などは生物学的に利用可能ではないことを示しており，そのデータが適切かつ信頼性のあることが確認された場合

c. 適切で信頼性のある科学的情報が，混合物中の各物質間で相乗作用や拮抗作用を起こす可能性を示し，その混合物の評価が混合物中の各物質に関する情報に基づいて決定された場合

例えば，b. 中にある“生物学的利用性（Bioavailability）”とは，物質が生物に取り込まれ，生物内のある部位に分布する程度と定義されており，ある化学物質を経口摂取した場合には，消化管で吸収され肝臓で分解されずに生物の体内組織に到達する割合を意味する．このような適切で，信頼性のある生物学的利用可能性のデータが入手できていれば，このデータも考慮に入れて，分類するということである．

（6）特定濃度限界及び M-ファクターの設定

CLP での分類において，製造者，輸入者及び川下ユーザーには，特定濃度限界（Specific concentration limit）及び水生環境有害性における M-ファクターを設定することが求められている．

まず特定濃度限界から記述する．濃度限界（1.10 参照）は，「物質又は混合物について個々の分類の契機となるかもしれない，物質又は混合物中の分類された不純物，添加物又は各構成要素の閾値」と定義され，特定濃度限界と基本的な濃度限界（Generic concentration limit）の二つがある．

基本的な濃度限界は，附属書 I のパート 3 ～パート 5 の各有害性クラスに設定されているもので，一方，特定濃度限界は各物質に固有に設定される濃度限界である．特定濃度限界及び基本的な濃度限界ともに，物質に割り当てられる限界値であって，その閾値以上になると特定された不純物，添加物又は各構成要素として他の物質又は混合物に含有される物質の存在が，物質又は混合物を

危険・有害性と分類する根拠となるものと定義されている．

製造者，輸入者及び川下ユーザーは，附属書Iのパート2（物理的危険性）において各危険性クラスに設定された濃度未満で，又は附属書Iのパート3～パート5（健康／環境有害性）の各有害性クラスに設定された基本的な濃度限界未満で存在する物質であっても危険・有害性が明らかな場合には，当該物質に対して特定濃度限界を設定することが求められている．ただし，附属書VIのパート3である調和分類・表示に含まれる物質に対しては，特別濃度限界は設定してはならないとされている．

特定濃度限界には製造者などの事業者自らが設定するものと調和分類・表示において設定されるものがあり，したがって濃度限界には，図2.4に示すように3種類があると考えられ，CLPの附属書Iに規定する濃度限界が基本的な濃度限界として一般的には適用されるが，製造者などの事業者が信頼性のある関連データを有していれば，それに基づいて特定濃度限界を設定する，しかし附属書VIのパート3の調和分類・表示物質には事業者は特定濃度限界は設定しない，という設定に関する優先順位が存在する．

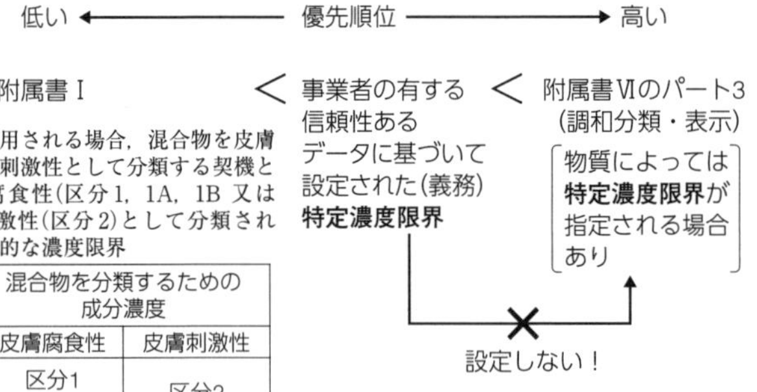

例．**表 1.6** 加成方式が適用される場合，混合物を皮膚腐食性 / 皮膚刺激性として分類する契機となる，皮膚腐食性(区分1，1A，1B 又は1C)/ 皮膚刺激性(区分2)として分類される成分の基本的な濃度限界

各成分の合計による分類	混合物を分類するための成分濃度	
	皮膚腐食性	皮膚刺激性
	区分1 (注記参照)	区分2
皮膚腐食性区分1A，1B及び1C	≧ 5%	≧1%，< 5% (1%以上5%未満)
皮膚刺激性区分2		≧ 10%
(10 × 皮膚腐食性区分1A，1B，1C)＋皮膚刺激性区分2		≧ 10%

図 2.4　濃度限界設定のルール

次にM-ファクターである．M-ファクター（Multiplying factor）は毒性乗率と訳されており，水生環境有害性の短期（急性）有害性区分1及び長期（慢性）有害性区分1に分類された物質の濃度に適用される．これらの高い毒性をもつ成分を含む混合物において，高毒性成分は混合物の毒性に影響する可能性があり，単純加算法を適用して分類する際にはその重み付けを増加させるべきであり，当該成分の濃度に乗数をかけて有害性をもつ成分量を算出する．その乗数がM-ファクターである．

製造者，輸入者及び川下ユーザーは，水生環境有害性の短期（急性）有害性区分1及び長期（慢性）有害性区分1に分類された物質に対して，調和分類・表示である附属書VIのパート3においてM-ファクターが指定されていない場合には，確定し設定しなければならない．附属書IIのパート4には，表2.7に示す水生環境有害性の短期（急性）有害性及び長期（慢性）有害性に対するM-ファクターが提供されているので，それに基づいてM-ファクターを設定する．

この表の中で短期（急性）有害性を示す$L(E)C_{50}$とは，LC_{50}又はEC_{50}を意味しており，LC_{50}（50％ Lethal Concentration：50％致死濃度）とは試験動

表2.7　混合物の高毒性成分に対するM-ファクター[1]

短期（急性）有害性	M-ファクター	長期（慢性）有害性	M-ファクター	
$L(E)C_{50}$値(mg/l)		NOEC値(mg/l)	NRD[a]成分	RD[b]成分
$0.1 < L(E)C_{50} \leq 1$	1	$0.01 < NOEC \leq 0.1$	1	－
$0.01 < L(E)C_{50} \leq 0.1$	10	$0.001 < NOEC \leq 0.01$	10	1
$0.001 < L(E)C_{50} \leq 0.01$	100	$0.0001 < NOEC \leq 0.001$	100	10
$0.0001 < L(E)C_{50} \leq 0.001$	1 000	$0.00001 < NOEC \leq 0.0001$	1 000	100
$0.00001 < L(E)C_{50} \leq 0.0001$	10 000	$0.000001 < NOEC \leq 0.00001$	10 000	1 000
（10倍の間隔で続く）		（10倍の間隔で続く）		

注[a] NRD（Non-rapidly degradable：急速分解性なし）
注[b] RD（Rapidly degradable：急速分解性）

物の50%を死亡させる大気中又は水中における試験物質濃度を，EC_{50}（50% Effective Concentration：50%阻害濃度）とはある反応を最大時の50%に減少させる物質の濃度をいう．一方，長期（慢性）有害性を表すNOEC（No Observed Effect Concentration：無影響濃度）とは，毒性試験において統計的に有意な悪影響を示す最低の試験濃度直下の試験濃度と定義されており，投与群と対照群との間で有意な悪影響がみられない投与濃度をいう．

ECHA発行の“Guidance on the Application of the CLP Criteria[1)]”には，特定濃度限界及びM-ファクターの設定法が解説されており，参考にしていただきたい．

2.2.5　段階4：分類の決定

製造者，輸入者及び川下ユーザーは，2.2.4（物質又は混合物の危険・有害性情報と分類判定基準との比較・評価）において，物質又は混合物の危険・有害性が，単一又は複数の危険・有害性クラス／区別の分類基準（附属書I）に合致している場合，次のa.及びb.を割り当て，分類を決定しなければならない．

a. 危険・有害性区分：対応するそれぞれの危険・有害性クラス／区別に対して割り当てる．

b. 危険有害性情報：a.で決定されたそれぞれの危険・有害性区分に対して，附属書Iのパート2～パート5に割り当てられているすべての危険有害性情報を採用する．

2.2.6　段階5：分類の見直し

製造者，輸入者及び川下ユーザーは，物質又は混合物の分類に影響する可能性のある新たな信頼性のある科学的又は技術的情報を入手した際には，不当な遅延なく，新たに評価しなければならない．

また危険・有害性に分類されている混合物で，第15条(2)に示された次のいずれかの組成変化がある場合にも，新たな評価を行わなければならない．

a. 一つ以上の危険・有害な成分の初期濃度が，表 2.6 に示す許容変動幅以上で変化する場合

b. 一つ以上の成分が，表 2.4 に示す基本的なカットオフ値以上の濃度で代替又は追加を含めて組成変化する場合

物質又は混合物が，理事会指令 91/414/EEC（植物保護製品指令）又は理事会指令 98/8/EEC（殺生物性製品指令）の範囲にあるときは，それらの指令の要件も適用されることを忘れてはならない．

2.3　表示（Labelling）

分類結果に基づいて，ラベルを作成し，表示しなければならない．その一般的規則が第 17 条に規定されている．第 17 条(1)で規定される(a)～(h)は“ラベル要素”と呼称されるラベルの構成要素である．

第 17 条（一般規則）

1. 危険有害性と分類され，包装材に入れられている物質又は混合物には，次の要素を含んだラベル表示を行わなければならない．
   (a) 供給者の名称，住所及び電話番号
   (b) 包装に入れられ，一般市民に提供される物質又は混合物の名目数量．ただし，この数量が包装上の別の場所に記載されている場合を除く．
   (c) 第 18 条に定められた製品識別子
   (d) 適用可能な場合，第 19 条に従った危険・有害性絵表示
   (e) 適用可能な場合，第 20 条に従った注意喚起語
   (f) 適用可能な場合，第 21 条に従った危険有害性情報
   (g) 適用可能な場合，第 22 条に従った適切な注意書き
   (h) 適用可能な場合，第 25 条に従った補足情報についての部分
2. ラベルは，その物質又は混合物が上市される加盟国の単一又は複数の

> 公用語で，当該加盟国が別に規定しない限り，書かれなければならない．供給者は，同じ詳細情報が使用したすべての言語で表示されるという条件で，当該加盟国によって要求されるよりも多くの言語をラベルに使用してもよい．

CLP対応のラベルは，国連GHSでのラベルを基本としており，B to B（事業者間で提供される）の化学製品には，第17条(1)に規定された（b）を除く七つのラベル要素で構成されていなければならない．具体的には，図2.5に示すラベル要素が必要で，規定された有害性に分類された場合には，EU特有の補足危険有害性情報（supplemental hazard statement）を記載しなければならない．一般市民向けに包装された製品においては，上述の七つのラベル要素に加えて（b）で規定する名目数量の表示が必要となる．

CLPラベルで注意すべきは，使用する言語で，上市する国の公用語でラベルは作成されなければならない．ECHAのウェブサイト“Labelling and

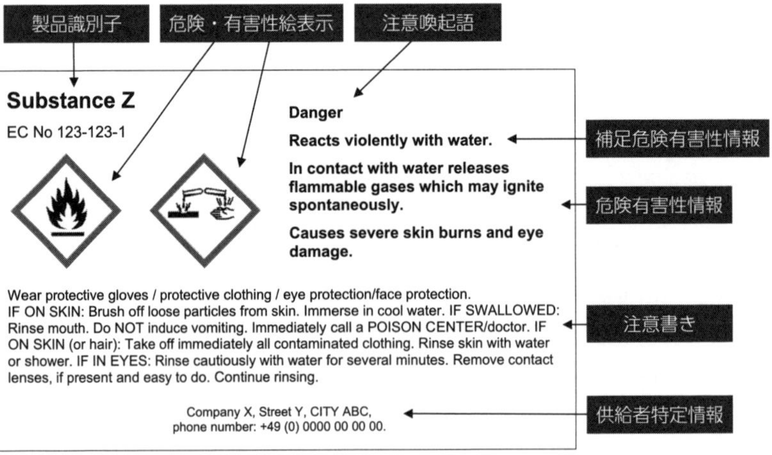

図2.5 CLPラベル例

［出典：Guidance on labelling and packaging in accordance with Regulation (EC)No 1272/2008[1)]］

packaging[9)]”に掲示されている“Languages required for labels and safety data sheets”には各国で求められるラベル用の言語が示されている．複数の言語を要求する国もあり，注意が必要である．

2.3.1　主要なラベル要素

ここでは第 17 条(1)の（c）以降の各ラベル要素について，注意すべき事項を記載していく．

（1）製品識別子（第 18 条）

化学製品のラベルには，対象物質又は混合物を特定できるための情報として製品特定名，換言すれば“製品識別子”が記載されなければならない．この製品識別子は，REACH に基づいて作成される（拡張）安全データシート（e）SDS で使用される製品特定名と同一でなければならない．拡張安全データシート（eSDS）とは，リスク評価に基づくばく露シナリオを付属させた安全データシートを意味する．SDS には，ばく露シナリオを付属させる場合と付属させない場合があるため，ここでは（拡張）安全データシートとして（e）SDS と表記する．

製品ラベルを製造工場で，（e）SDS を本社事業部でそれぞれ作成する場合などに，それらの製品特定名が異なることが起こりかねないので，注意する必要がある．

製品識別子に関する規定は，物質と混合物とで異なっており，以下，個別に説明する．

物質の識別子には，図 2.6 及び次に示すような，より内部の特定名があれば，その特定名を採用するという優先順位（高 a. →低 d.）が設定されている．

a. 対象物質が，調和分類・表示リストである附属書 VI のパート 3 に含まれている場合には，その名称と識別番号
b. 対象物質が，附属書 VI のパート 3 には含まれていないが，分類・表示インベントリーに含まれる場合には，その名称と識別番号

c.　対象物質が，附属書VIのパート3にも，分類・表示インベントリーにも含まれない場合には，CAS番号とIUPAC命名法により定められた名称，若しくはCAS番号とその他の国際化学名

d.　CAS番号が使用できない場合には，IUPAC命名法により定められた名称，又はその他の国際化学名

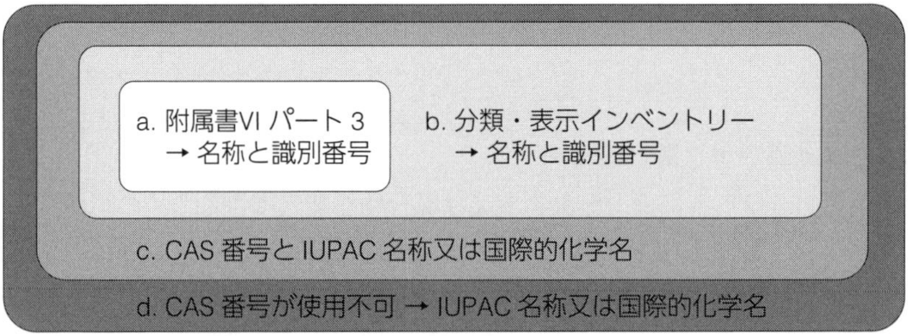

図2.6　ラベルでの対象物質の“製品識別子”設定における優先順位

c.又はd.に基づくIUPAC命名法による名称が，100文字を超える場合には，REACHの附属書VIのセクション2.1.2で言及されているそれ以外の名称（通常名，商品名，略号）の一つを使用してもよいとされている．この場合，2.5節で説明する分類・表示インベントリーへの届出の際にはIUPAC命名法による名称とラベル表示に使用したそれ以外の名称の両方を記載しなければならないことに注意すべきである．

混合物の識別子は，次に示すa.とb.の両情報により構成される．

a.　混合物の商品名又は呼称（designation）

b.　急性毒性，皮膚腐食性，眼に対する重篤な損傷性，生殖細胞変異原性，発がん性，生殖毒性，呼吸器又は皮膚感作性，特定標的臓器毒性（STOT），誤えん有害性に関して対象混合物の分類に関係する混合物中のすべての物質の化学的特定名

複数の化学名を掲示しなければならない場合には，最大四つまでの化学名でよい．ただし，危険・有害性の性質と強さを表現するために四つを超える名称

が必要な場合はこの限りではない．

混合物の場合には，混合物そのものを示す名称と混合物を分類した際に指定する有害性の導因となる物質の名称との2種類を製品識別子として表示しなければならないことを意味する．

芳香剤又は香水業界のための混合物の化学名として，自然界に存在する物質の場合，“…のエッセンシャルオイル”又は“…の抽出物”のような名称を，そのエッセンシャルオイル又は抽出物の成分の化学名の代わりに使用することが認められている（附属書Iのセクション1.4.2参照）．

(2) 危険・有害性絵表示（第19条，第26条，附属書V）

CLPで使用する危険・有害性絵表示は，国連GHSと同じもので，表2.8に示すように9種類のピクトグラムからなる．白地に黒のシンボルとし，はっきり見えるように十分な幅をもった赤枠を施さなければならない．

表2.8　CLPで使用する危険・有害性絵表示

爆弾の爆発（GHS01）	炎（GHS02）	円上の炎（GHS03）

ガスボンベ（GHS04）	腐食性（GHS05）	どくろ（GHS06）

感嘆符（GHS07）	健康有害性（GHS08）	環境（GHS09）

備考：ピクトグラムはGHS pictograms[10]を使用

表2.8において，各危険・有害性絵表示の上部に記載されているシンボルの名称及びコードは，附属書Ⅴに列記されているものである．

危険・有害性絵表示には，国連GHSの優先原則に加えて，CLP独自の優先原則も設定されている（表2.9）．

表2.9　CLPにおける危険・有害性絵表示の優先原則

No.	危険・有害性絵表示の優先原則	
a.	 （任意）	任意：国連GHSには無い
b.		全ての感嘆符不要
c.	 皮膚・眼刺激	皮膚・眼刺激 感嘆符不要
d.	 呼吸器感作性　皮膚感作性又は皮膚・眼刺激	皮膚感作性又は皮膚・眼刺激 感嘆符不要
e.	 （任意）	任意：国連GHSには無い

表2.9において，b.及びc.並びにd.は国連GHSにある危険・有害性絵表示の優先原則であるが，a.及びe.はCLP独自の優先原則である．分類結果を十分に確認し，これらに該当する場合には，優先原則に従っていただきたい．

a.　絵表示“爆弾の爆発（GHS01）”が適用される場合，複数の絵表示が必須である場合を除いて，絵表示“炎（GHS02）”及び“円上の炎（GHS03）”の使用は任意とする．

b.　絵表示“どくろ（GHS06）”が適用される場合，絵表示“感嘆符（GHS07）”を表示してはならない．

c.　絵表示“腐食性（GHS05）”が適用される場合，皮膚又は眼刺激による絵表示“感嘆符（GHS07）”を表示してはならない．

d.　呼吸器感作性による絵表示“健康有害性（GHS08）”が適用される場合，

皮膚感作性又は皮膚及び眼刺激による絵表示“感嘆符（GHS07）”を表示してはならない．

e. 絵表示“炎（GHS02）”又は“どくろ（GHS06）”が適用される場合，絵表示“ガスボンベ（GHS04）”の使用は任意とする．

（3）注意喚起語（第 20 条）

注意喚起語は，国連 GHS と同じく，“Danger（危険）”と“Warning（警告）”の 2 種類であり，附属書 I のパート 2 ～パート 5 に危険・有害性クラスごとに区分に応じて割り当てられている．該当する注意喚起語を選択し，ラベルに表記することになるが，優先原則として“危険”が使用される場合には，“警告”は表示してはならない．

（4）危険有害性情報（第 21 条，第 27 条，附属書 III）

危険有害性情報は，附属書 I のパート 2 ～パート 5 に危険有害性クラスごとに区分に応じて割り当てられており，附属書 III にはそれらの危険有害性情報が各国の公用語で列記されている．ラベルには，分類結果に応じて，附属書 I のパート 2 ～パート 5 に指定する危険有害性情報を，明らかな重複や冗長がある場合を除いて，すべてラベルに表示しなければならない．

危険有害性情報には，表 2.10 に示すような H と数字 3 桁の危険有害性情報コードが附属書 III に，附属書 VI では特定の危険有害性情報に対してさらに

表 2.10 危険有害性情報コードの例

危険有害性情報コード	危険有害性情報
H350	発がんのおそれ（May cause cancer） （他のばく露経路が有害性を引き起こさないことが決定的に証明された場合は，ばく露経路を記述する．）
H350i	吸入による発がんのおそれ（May cause cancer by inhalation）

［出典：Regulation (EC) No 1272/2008 of the European Parliament and of the Council, ANNEX I, Table3.6.3 及び ANNEX VI, 1.1.2.1.2（抜粋）[6]］

区別するために3桁の数字の後に文字が追加された危険有害性情報コードがそれぞれ割り当てられている.

これらの危険有害性情報コードは，第3章で紹介するポイズンセンターへの届出情報の一つに挙げられている.

(5) 注意書き（第22条，第28条，附属書IV）

ラベルには，分類結果に応じて，附属書Iのパート2～パート5に指定する注意書きを選択して，記載しなければならない．附属書IVには各注意書きの使用に対して条件が示されており，該当する製品の特定された使用などを考慮して注意書きを選択する必要がある.

さらには注意書きを記載する際には，第28条で注意書きの優先原則が規定されているので，注意が必要である．その中には，ラベル表示には6個を超えて注意書きを記載してはならないとの注意書きに関する原則が示されており，注意書きを記載する際には必要と考えられるものを厳選することが求められる．分類結果に従って注意書きを選択すると，類似の注意書きが複数選択される場合があり，その場合には，複数の注意書きから最も適切な注意書きを一つ選んで記載する．ECHAが発行するガイダンス“Guidance on labelling and packaging in accordance with Regulation (EC) No 1272/2008（以下，“表示及び包装ガイダンス”という.）[1)]”には，注意書きの選択に関する手引きが示されており，参考になる.

また，一般市民に直接提供される化学製品には，その化学製品の廃棄及び包装材の廃棄に関する注意書きを一つはラベルに記載しなければならない.

第28条（注意書きの優先原則）

1. 注意書きの選択により，対象物質，混合物又は包装材に割り当てられる注意書きの一部が明らかに冗長又は不必要となる場合には，そのような説明はラベル表示から消去するものとする.
2. 対象物質又は混合物が一般市民に提供される場合には，その物質又は混合物の廃棄及び包装材の廃棄に関する注意書きを一つラベル表示に記載しなければならない．ただし，第22条により不必要である場合を除く．

それ以外のすべての場合において，対象物質又は混合物若しくは包装材の廃棄が人間の健康や環境に対する危険を生じないことが明らかな場合，廃棄に関する注意書きは必要ではない．

3. ラベル表示には6個を超えて注意書きを記載してはならない．ただし，危険有害性の性質及び強さを表すために不可欠である場合を除く．

各注意書きには，Pと数字3桁の注意書きコードが附属書IVに割り当てられており，この注意書きコードもポイズンセンターへの届出情報の一つになっている．

(6) 補足情報（第25条，附属書III）

CLPでは，2.1.1項（CLPで対象とする危険・有害性クラス）において記載したように，オゾン層への有害性は附属書Iのパート5“追加の有害性”に配置されている．物質又は混合物が，オゾン層への有害性に分類される場合には，注意喚起語，危険有害性情報及び注意書きは，ラベルの補足情報の箇所に記載するように規定されているので，注意が求められる．

さらに，CLPには“SUPPLEMENTAL HAZARD INFORMATION”と呼ばれる独自の危険有害性情報が存在する．

危険・有害性と分類された物質又は混合物が，表2.11（附属書IIのセクション1.1及びセクション1.2で言及）の危険・有害性の列に示す物理的特性又は健康有害性をもつ場合，ラベル上の補足情報の箇所に該当する補足危険有害性情報を記載しなければならない．

表2.11の補足危険有害性情報は，英語で表記しているが，それらの各国の公用語での表記が附属書IIIのパート2に示されており，EU内の各国に上市する際には，そこに記載されている公用語表記の補足危険有害性情報を使用す

表 2.11　補足危険有害性情報

番号	分類	小番号	危険・有害性	コード	補足危険有害性情報
1.1	物理的特性	1.1.1	塩化アセチル，アルカリ金属，四塩化チタンのような，水と激しく反応する物質や混合物	EUH014	'Reacts violently with water'
		1.1.2	可燃性／爆発性の蒸気－空気混合物を形成する可能性のある，それ自体は可燃性として分類されない物質及び混合物 これは，物質では，ハロゲン化炭化水素の場合であるかもしれず，混合物では，揮発性の可燃性成分による又は揮発性の不燃性成分のロスによる場合であるかもしれない.	EUH018	'In use, may form flammable/explosive vapour-air mixture'
		1.1.3	ジエチルエーテル，1,4-ジオキサンのような，貯蔵中に爆発性の過酸化物を生成する可能性のある物質及び混合物	EUH019	'May form explosive peroxides'
		1.1.4	それ自体は爆発性と分類されないが，それでも十分な密閉下で加熱された場合，実際には爆発性を示す可能性のある物質及び混合物 特に，スチールドラム中で加熱された場合，爆発的に分解するが，より強度の低い容器中で加熱されてもこの影響を示さない物質	EUH044	'Risk of explosion if heated under confinement'
1.2	健康有害性	1.2.1.	リン化アルミニウム，五硫化リンのような，水又は湿った空気と接触すると，潜在的に危険な量で急性毒性区分1，区分2又は区分3に分類されるガスを発生する物質及び混合物	EUH029	'Contact with water liberates toxic gas'
		1.2.2.	次亜塩素酸ナトリウム，多硫化バリウムのような，酸と反応して危険な量で急性毒性 区分3に分類されるガスを発生させる物質及び混合物	EUH031	'Contact with acids liberates toxic gas'
		1.2.3.	シアン化水素の塩，アジ化ナトリウムのような，酸と反応して危険な量で急性毒性 区分1又は区分2に分類されるガスを発生させる物質及び混合物	EUH032	'Contact with acids liberates very toxic gas'

表 2.11　（続き）

番号	分類	小番号	危険・有害性	コード	補足危険有害性情報
1.2	健康有害性	1.2.4.	皮膚の乾燥，落屑又はひび割れの結果として懸念を引き起こす可能性があるが，以下のいずれかに基づいて，皮膚刺激性の基準を満たさない物質及び混合物 ・実際の観察，又は ・皮膚への予測される影響に関する関連する証拠	EUH066	'Repeated exposure may cause skin dryness or cracking'
		1.2.5.	眼刺激性試験の結果，試験動物に全身毒性の明白な兆候又は大量死が見られ，これは眼の粘膜を通じた物質又は混合物の吸収に起因する可能性が高い物質又は混合物 この補足情報は，眼との接触後にヒトに全身毒性の証拠がある場合にも適用されるものとする． この補足情報は，物質又は混合物がこの作用の表示が付けられた別の物質を含み，その物質の濃度が 0.1％以上の場合にも，適用されるものとする．ただし，附属書 VI のパート 3 で特に指定されている場合を除く．	EUH070	'Toxic by eye contact'
		1.2.6.	吸入毒性の分類に加えて，附属書 I のセクション 3.1.2.3.3 及び表 3.1.3 の注 1 に従って毒性のメカニズムが腐食性であることを示すデータが利用可能である場合の物質及び混合物 急性吸入試験データが利用可能ではない場合で，皮膚腐食性の分類に加えて，吸入される可能性がある物質及び混合物	EUH071	'Corrosive to the respiratory tract'

［出典：Regulation (EC) No 1272/2008 of the European Parliament and of the Council, ANNEX II, 1.1[6)]］

ることになる.

物質が，調和分類・表示リストである附属書VIのパート3に含まれ，補足情報の記載を指定している場合には，指定されたあらゆる補足情報を，ラベルの補足情報の箇所に記載しなければならない.

危険・有害性に分類された物質又は混合物が，理事会指令91/414/EEC（植物保護製品指令）の範囲に該当する場合には，附属書IIのパート4及び附属書IIIのパート3（附属書IIの第四部の各国公用語での表記）に従った補足情報をラベル上の補足情報の箇所に含めなければならない.

これらとは別に，物質又は混合物のラベル又は包装上に，“non-toxic（無毒）”，“non-harmful（無害）”，“non-polluting（非汚染性）”，“ecological（エコロジカル）”などの物質又は混合物が危険・有害性をもたないことを示す文言や物質又は混合物の分類と矛盾するその他の説明を記載してはならない，と規定されており注意が必要である.

供給者が，これまでに記載した以外の情報をラベルの補足情報の箇所に記載することは可能としている．ただし，その情報は，第17条(1)の(a)～(g)に言及された各ラベル要素を識別しにくくするものではなく，そのより詳細を提供し，それらラベル要素で明示された情報と矛盾せず，その正当性に疑念を生じさせないものでなければならない.

混合物が危険・有害性と分類される表2.12（附属書IIのパート2で言及）に示すいずれかの物質を含有している場合には，第25条(6)に従って，同表に示した該当する補足危険有害性情報をラベル上の補足情報の箇所に記載しなければならない.

各国の公用語で記述した各補足情報の文言が，附属書IIIのパート3に示されているので，それを用いなければならない．さらに，ラベルには，第18条で言及された製品識別子に加え，対象混合物の供給者の名称，住所及び電話番号を記載することが求められている.

さらに，混合物製品が指定された危険・有害性に分類されれば，第3章において詳述するが，混合物の識別子であるUFI（Unique Formula Identifier）

を補足情報の中に含めなければならない（図3.7，154ページ参照）．

表 2.12　特定の混合物に対する補足危険有害性情報

No.	特定の混合物	概要又は条件	コード	補足危険有害性情報	備考
2.1.	鉛を含む混合物		EUH201	‘Contains lead. Should not be used on surfaces liable to be chewed or sucked by children’	
		内容物が125 ml未満の包装では，右表の追加の危険有害性情報でもよい．	EUH201A	‘Warning! Contains lead’	
2.2.	シアノアクリレートを含む混合物		EUH202	‘Cyanoacrylate. Danger. Bonds skin and eyes in seconds. Keep out of the reach of children’	安全性に関する適切なアドバイスが包装に添付されなければならない．
2.3.	セメント及びセメント混合物	セメント又はセメント混合物が，危険有害性情報H317「アレルギー性の皮膚反応を引き起こすおそれがある」を持つ感作性物質として既に分類され，表示されていない限り，水和したときに，セメントの総乾燥重量の0.0002%を超えて可溶性6価クロムを含むセメント及びセメント混合物の包装のラベルには，右を記述する．	EUH203	‘Contains chromium (VI). May produce an allergic reaction’	還元剤が使用される場合，セメント又はセメント含有混合物の包装には，包装日並びに還元剤の活性を維持し，可溶性6価クロムの含有量を0.0002%未満に維持するために適切な貯蔵条件及び貯蔵期間に関する情報を含めなければならない．
2.4.	イソシアネートを含む混合物	イソシアネート類（モノマー，オリゴマー，プレポリマー等として，又はそれらの混合物）を含有する混合物には，すでに包装のラベルに記載されていない限り，右を記述する．	EUH204	‘Contains isocyanates. May produce an allergic reaction.’	
2.5.	平均分子量700以下のエポキシ成分を含む混合物	平均分子量が700以下のエポキシ成分を含む混合物には，すでに包装のラベルに記載されていない限り，右を記述する．	EUH205	‘Contains epoxy constituents. May produce an allergic reaction.’	

表 2.12　（続き）

No.	特定の混合物	概要又は条件	コード	補足危険有害性情報	備考
2.6.	活性塩素を含む一般市民に販売される混合物	1％を超える活性塩素を含有する混合物の包装のラベルに右を記述する．	EUH206	'Warning! Do not use together with other products. May release dangerous gases (chlorine)'	
2.7.	Cd（合金）を含みロウ付けやはんだ付けに使用する混合物		EUH207	'Warning! Contains cadmium. Dangerous fumes are formed during use. See information supplied by the manufacturer. Comply with the safety instructions'	
2.8.	少なくとも 1 種類の感作性物質を含む混合物	感作性として分類されないが，感作性として分類され，附属書 I の表 3.4.6 に指定された濃度以上の濃度で存在する 1 以上の物質を含む混合物の包装のラベルには，右を記述する．	EUH208	'Contains (name of sensitising substance). May produce an allergic reaction'	（混合物の分類に導く物質に加えて）感作性として分類され，附属書 I の表 3.4.6 に指定された以上の濃度で存在する他の物質を含む感作性として分類された混合物は，そのラベル上にそれらの物質の名称を記載しなければならない．
					混合物がセクション 2.4 又はセクション 2.5 に従って表示されている場合，EUH208 の記述はラベルから省略されてもよい．

表 2.12　（続き）

No.	特定の混合物	概要又は条件	コード	補足危険有害性情報	備考
2.9.	ハロゲン化炭化水素を含む液体混合物	引火点を示さない，又は引火点が 60 ℃を超え 93 ℃以下で，ハロゲン化炭化水素及び易燃性又は可燃性物質を 5％を超えて含有する液体混合物の場合，包装のラベルには，右のいずれかを記述する．上記の物質が非常に可燃性であるか可燃性であるかについて：	EUH209	'Can become highly flammable in use'	
			EUH209A	'Can become flammable in use'	
2.10.	一般市民用ではない混合物	有害性として分類されていないが，以下を含む混合物： ・≧0.1％の皮膚感作性物質 区分 1，区分 1B，呼吸器感作物質 区分 1，区分 1B，又は発がん性区分 2 に分類される物質 ・≧0.01％の皮膚感作性物質 区分 1A 呼吸器感作物質 区分 1A に分類される物質 ・≧1/10 の特定濃度限界で存在する特定濃度限界を持つ皮膚感作性又は呼吸器感作性として分類される物質 ・≧0.1％の生殖毒性 区分 1A，区分 1B，区分 2，又は授乳への，又は授乳を介した影響を有するに分類される物質 ・個々の濃度が，非ガス混合物の場合は 1 重量％以上，及びガス混合物の場合は 0.2 容積％以上の，以下のいずれかである 1 以上の物質： －他の健康又は環境有害性に分類される：又は －それに対して共同体職業ばく露限界がある	EUH210	'Safety data sheet available on request'	

表 2.12　（続き）

No.	特定の混合物	概要又は条件	コード	補足危険有害性情報	備考
2.11.	エアゾール		エアロゾルは，指令 75/324/EEC の附属書の Point 2.2 及び 2.3 に従った表示規定の対象でもあることに注意しなければならない．		

［出典：Regulation (EC) No 1272/2008 of the European Parliament and of the Council, ANNEX II, 2.1[6)]］

2.3.2　代替化学名の使用の申請（第 24 条）

混合物の製造者，輸入者又は川下ユーザーは，対象物質が附属書 I のパート 1 に定められた基準（その中で規定された危険・有害性については表 2.13 参照）に適合するとともに，その物質の化学的特定名をラベル又は（e）SDS に開示することが事業や知的財産権の観点から懸念されることを証明できる場合に，混合物中の物質の機密性を保護するために物質の代替化学名の使用を ECHA に申請することができるようになっている．

ECHA のウェブサイト “Alternative chemical name in mixtures[11)]” には代替化学名の使用が可能な条件などが示されており，代替化学名の使用を望む事業者は，まずこのウェブサイトにアクセスすることが推奨される．

代替化学名は，次のいずれかの方式によるとされている．

・最も重要な機能性化学物質群を特定する名称による方式

・代替呼称による方式

具体的には，ECHA のウェブサイト “Requesting an alternative chemical

表 2.13　代替化学名使用の申請が可能となる危険・有害性

(a) 附属書 I のパート 2（物理的危険性）の区分のいずれか
(b) 急性毒性　区分 4
(c) 皮膚腐食性 / 刺激性　区分 2
(d) 眼に対する重篤な損傷性 / 眼刺激性　区分 2
(e) 特定標的臓器毒性 − 単回ばく露　区分 2 又は区分 3
(f) 特定標的臓器毒性 − 反復ばく露　区分 2
(g) 水生環境有害性　長期（慢性）　区分 3 又は区分 4

name in mixtures[12)]" にレキシコン（語彙）ガイドとして記載されている危険調剤指令 1999/45/EC[13)] の附属書 VI のパート B を参考にして，代替化学名を設定することが望ましい．

代替化学名使用の ECHA への申請には費用がかかる．前述のウェブサイト "Requesting an alternative chemical name in mixtures" には申請手順及び申請のために提出する情報が示されているので，それらを参考にして代替化学名使用の申請作業を進めるのがよい．

ECHA は，判断を下すために追加情報の提供を要請する場合もある．ECHA が申請又は追加情報を受け取った後，6 週間以内に ECHA から異議の表明がなければ，申請した名称の使用が認められたことになり，使用が可能となる．

混合物の供給者が，2015 年 6 月 1 日以前に，旧指令 1999/45/EC に基づいて混合物中の対象物質の化学的特定名を開示することによりその供給者の事業の機密性が危険にさらされることを立証できた場合，その供給者は合意された代替化学名を継続して使用することができる．

2.3.3　特別な場合に対するラベル要件からの免除（第 23 条）

CLP では，表 2.14 に示す可搬式ガスボンベなど，附属書 I のセクション 1.3 に該当する特別な場合には，そこに規定された事項を適用するとしている．

例えば，塊状の金属，合金，ポリマー含有混合物及びエラストマー含有混合物は，それらが上市される際の形態が塊状であって，吸入，摂取又は皮膚接触によるヒトの健康への有害性や水生環境有害性を呈しない場合，CLP に従って危険・有害性に分類されたとしても，本附属書に基づくラベル表示は不要である，と規定されている．CLP では，固体の場合，あらゆる形状を想定して危険・有害性分類を行うため，粉体状で危険・有害性を示せば，当該物質又は混合物は危険・有害性として分類されるが，塊状であれば危険・有害性を示さないということはしばしばあり得ることである．

関連する製品を取り扱う事業者は，本規定が適用されるかどうか確認することをお勧めする．

表 2.14　特別な場合に対するラベル要件からの免除

	該当製品	規定事項
1.3.1.	可搬式ガスボンベ	水容量 150 L 以下の可搬式ガスボンベには，以下の一つの使用が認められなければならない． (a) 国際規格 ISO 7225“高圧ガス容器－注意ラベル”の最新版の規定に従う様式及び寸法．この場合，混合物中の危険・有害性物質が，はっきりと消えない方法でガスボンベ本体に表示されていることを条件に，ラベルには，物質又は混合物の総称名又は産業上又は商業上の名称を記載できる． (b) 第 17 条（一般原則）に定める情報を，ボンベに固定された耐久性のある情報ディスク又はラベルに表示する．
1.3.2.	プロパンガス，ブタンガス又は液化石油ガス（LPG）用のガス容器	CLP の判定基準により分類されたプロパンガス，ブタンガス又は液化石油ガス，若しくはこれらの物質を含有する混合物が，密閉された再充填可能なボンベで，又は燃焼用にのみ放出される燃料ガスとしての EN 417（“携帯用器具：建設，検査，試験マーキングでの使用のための液化石油 ガスの再充填できないバルブ付き又はバルブなしの金属製ガスカートリッジ”に関連する EN 417 の最新版）の適用範囲内である再充填不可のカートリッジで，上市される場合，これらのボンベ又はカートリッジには，可燃性に関する適切な絵表示並びに危険有害性情報と注意書きのみがラベルに表示されなければならない．
		ヒトの健康及び環境への影響に関する情報は，ラベルに表示しなくてよい． その代わりに供給者は，ヒトの健康及び環境への影響に関する情報を，安全データシート（SDS）を用いて川下ユーザーや流通業者に提供しなければならない．
		消費者に対しては，消費者が健康と安全のためにあらゆる必要な措置を取ることができるよう，十分な情報を伝達しなければならない．
1.3.3.	密閉スプレー装置を備えたエアゾール及び容器で，誤えん有害性を呈するとして分類される物質又は混合物が入っているもの	セクション 3.10.4（誤えん有害性の周知）の適用に関して，セクション 3.10.2 及び 3.10.3（誤えん有害性の物質及び混合物）の判定基準に従って分類された物質又は混合物は，エアゾール容器又は密閉スプレー装置を備えた容器で上市される場合，誤えん有害性についての表示は不要である．

表 2.14　（続き）

	該当製品	規定事項
1.3.4.	塊状の金属，合金，ポリマー含有混合物，エラストマー含有混合物	塊状の金属，合金，ポリマー含有混合物，エラストマー含有混合物は，それらが上市される際の形態で，吸入，摂取又は皮膚接触によるヒトの健康への有害性や水生環境有害性を呈しない場合，本附属書の判定基準に従って危険・有害性に分類されたとしても，本附属書に基づくラベル表示は不要である．
		その代わりに供給者は，SDS を用いて上述の情報を川下ユーザーや流通業者に提供しなければならない．
1.3.5.	爆発性又は火工効果を得ることを目的として販売される爆発物	爆発性又は火工効果を得ることを目的として上市される，セクション 2.1 で言及される爆発物は，爆発物の要件のみに従って表示及び包装しなければならない．
1.3.6.	金属腐食性として分類されるが，皮膚腐食性又は眼に対する重篤な損傷性（区分 1）には分類されない物質又は混合物	最終状態で，消費者用に包装されている，金属腐食性と分類されるが，皮膚腐食性又は眼に対する重篤な損傷性（区分 1）として分類されない物質又は混合物は，ラベルに危険・有害性絵表示 GHS05（腐食性）は不要である．

［出典：Regulation (EC) No 1272/2008 of the European Parliament and of the Council, ANNEX I，1.3[6)]］

2.3.4　表示及び包装要件からの免除（第 29 条）

物質又は混合物の包装の形状又は形態により，若しくは包装が極めて小さいことにより，次項の 2.3.5（ラベル表示における規則）に記述するラベルについての要件を満たすことができない場合には，第 17 条に定められたラベル要素を附属書 I のセクション 1.5.1 に従って，次の a. ～ c. に示す三つの方式のいずれかで記載しなければならない．“c. 外装上に表示” を適用する場合にあっては，製品を直接包装する内装上には，少なくとも危険・有害性絵表示，製品識別子及び物質又は混合物の供給者の名称と電話番号が記載されたラベルが貼付されなければならない．

a.　折り畳み式ラベル

b.　結び付けタグ方式

c.　外装上に表示

これらの方式の適用に関して，ECHA の“表示及び包装ガイダンス[1)]”に，その詳細が図 2.7 に示すような例を用いて説明されているので，参考にしていただきたい.

特に，折り畳み式ラベルでは，その表紙，内部ページ及び最終ページでの最低限の記載事項が次のとおり示されており，注意が必要である.

●表紙

・製品識別子（混合物の場合は，第 18 条(3)(a)に規定する商品名又は呼称のみでよく，混合物の分類に寄与する成分を記載する必要はない.）

・危険・有害性絵表示

・ラベル上のすべての言語での注意喚起語

・名目数量（一般市民向け製品の包装上に必要である.）

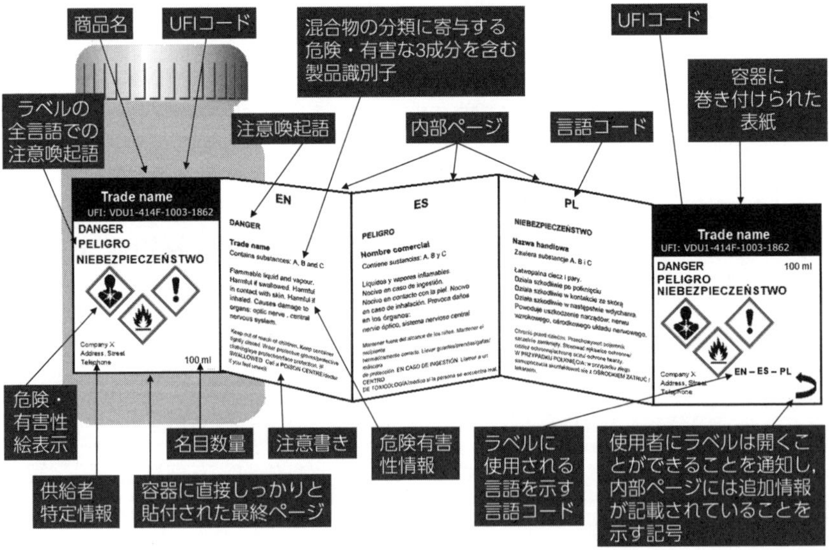

図 2.7　混合物の折り畳み式ラベル（一般市民に提供）の例

［出典：ECHA 発行の“表示及び包装ガイダンス[1)]”］

・供給者の連絡先の詳細：名称，住所，電話番号
・折り畳み式ラベル内部ページに記載された完全な安全情報への参照
　例：すべての言語で「安全情報は，内部を見て下さい.」
・内部ページで使用されているすべての言語の略語：国コード又は言語コード［言語の略語を使用する際には，標準ではない，又は紛らわしい略語を避けるために，ISO 639-1 Codes for the representation of names of languages — Part 1: Alpha-2 code（言語名の表示コード－第 1 部：アルファ 2 コード）を参照することが推奨される.］

●内部ページ
・表紙に提示された言語ごとにグループ化された，要件に合致する完全な表示情報（危険・有害性絵表示と供給者の特定情報は記載する必要はない. 例えば，図 2.7 に示すように，1 ページ 1 言語で記載する方法が考えられる.）
・各内部ページの上部に使用される言語の略語（国コード又は言語コード）

●最終ページ
・表紙に記載されている情報を繰り返して表示

上述の a. ～ c. の 3 方式ですべてのラベル表示情報を記載することができない場合，附属書 I のセクション 1.5.2 に従って，ラベル要素を削減することができる．この緩和規定は，内容物が 125 ml を越えない包装物のラベル表示に適用される．その緩和規定事項を表 2.15 に示す.

表 2.15　内容物が 125 ml を越えない包装物の表示

No.	危険有害性クラス	区分，その他の条件	省略可能なラベル要素
1)	酸化性ガス	区分 1	危険有害性情報，注意書き
2)	高圧ガス		
3)	引火性液体	区分 2 又は区分 3	
4)	可燃性固体	区分 1 又は区分 2	

表 2.15　（続き）

No.	危険有害性クラス	区分，その他の条件	省略可能なラベル要素
5)	自己反応性化学品	タイプC～タイプF	危険有害性情報，注意書き
6)	自己発熱性化学品	区分2	
7)	水反応可燃性化学品	区分1，区分2又は区分3	
8)	酸化性液体	区分2又は区分3	
9)	酸化性固体	区分2又は区分3	
10)	有機過酸化物	タイプC～タイプF	
11)	急性毒性	区分4，一般市民に供給されない	
12)	皮膚刺激性	区分2	
13)	眼刺激性	区分2	
14)	特定標的臓器毒性－単回ばく露	区分2又は区分3，一般市民に供給されない	
15)	特定標的臓器毒性－反復ばく露	区分2，一般市民に供給されない	
16)	水生環境有害性　短期（急性）	区分1	
17)	水生環境有害性　長期（慢性）	区分1又は区分2	
18)	小包装の可燃性エアゾールのラベル表示に対する免除：指令 75/324 / EEC を適用		
1)	可燃性ガス	区分2	注意書き
2)	生殖毒性	授乳に対する，又は授乳を介した影響	
3)	水生環境有害性 長期（慢性）	区分3又は区分4	
1)	金属腐食性物質		絵表示，注意喚起語，危険有害性情報，注意書き

［出典：Regulation (EC) No 1272/2008 of the European Parliament and of the Council, ANNEX I，1.5.2.1.1[6]］

例えば，内容物が125 mlを超えない包装物で，その内容物の危険・有害性分類において，引火性液体の区分2又は区分3に該当すれば，その危険有害性情報と注意書きの記載を省略でき，金属腐食性物質であれば，絵表示，注意喚起語，危険有害性情報及び注意書きの省略が認められる．

ECHA の“表示及び包装ガイダンス[1]”には，例 8 として今回の例が次のように示されている（図 2.8）．

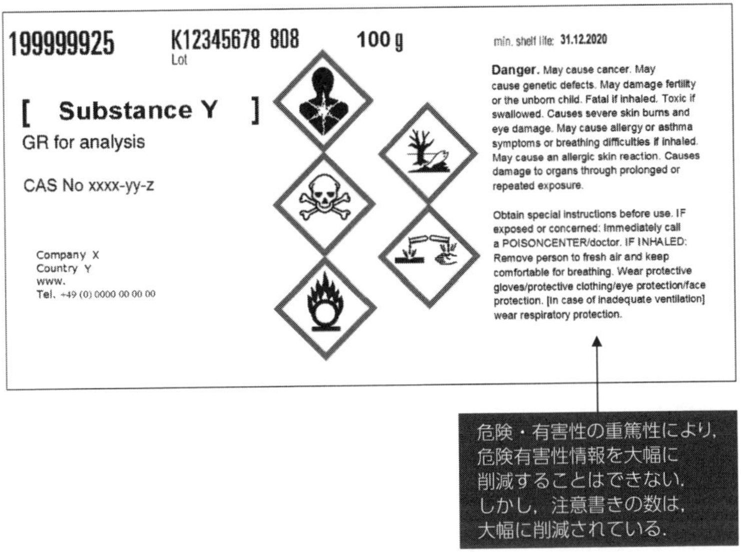

図 2.8　有害な固体物質用の 100 ml ボトルのラベル例
［出典：ECHA 発行の“表示及び包装ガイダンス[1]”］

この例は，次の分類が割り当てられた固体物質 Y の 100 ml ボトル包装用の 1 言語（英語）のラベルである（一般市民向けの製品ではない）．

- 酸化性固体　区分 2
- 急性毒性（経口）　区分 3
- 急性毒性（経皮）　区分 4
- 急性毒性（吸入）　区分 2
- 皮膚腐食性　区分 1B
- 呼吸器感作性　区分 1
- 皮膚感作性　区分 1

・生殖細胞変異原性 区分1B

・発がん性 区分1B

・生殖毒性 区分1B

・特定標的臓器毒性－反復ばく露 区分1

・水生環境有害性 短期（急性） 区分1

・水生環境有害性 長期（慢性） 区分1

この包装物は，内容量が125 mlを越えないため，表2.15（附属書Iのセクション1.5.2）の適用が可能である．

物質Yは，調和分類・表示である附属書VI及び分類・表示インベントリーのいずれにも収載されておらず，CAS番号とIUPAC命名法により定められた名称，若しくはその他の国際化学名を記載しなければならない．

まず，危険・有害性絵表示には，“どくろ（GHS06）”が適用される場合には，“感嘆符（GHS07）”を表示してはならないという優先原則に従って，次の5種類が該当する．

・円状の炎（GHS03），腐食性（GHS05），どくろ（GHS06），健康有害性（GHS08）及び環境（GHS09）

次に，注意喚起語は，優先原則に従って“危険（Danger）”が選択される．

続いて，危険有害性情報と注意書きについては，表2.15に照らし合わせると，次の危険・有害性クラス及び区分に関連するものが省略可能である．

・酸化性固体 区分2

・急性毒性（経皮） 区分4

・水生環境有害性 短期（急性） 区分1

・水生環境有害性 長期（慢性） 区分1

それ以外の危険有害性情報と注意書きは，すべてのラベル要素がラベルに記載されなければならない．

注意書きは分類結果からは約30個が摘出されるが，原則として6個を超えてはならず，優先原則に従って検討した結果，最も適切な“Obtain special instructions before use.（使用前に取扱説明書を入手すること.）”以下，五つの注意書きが選択されている．

内容物が 125 ml 未満の小容器を取り扱う事業者は，この適用免除を活用してよりわかりやすいラベルを作成するように心掛けていただきたいと思う．

その他の規定事項として，附属書 II のパート 5 に言及される“湿潤状態にある準備中の混合セメント及びコンクリート”が包装材なしで一般市民に提供される場合には，第 17 条（67 ページ参照）に従ったラベル要素の写しを併せて提供しなければならない．

補足情報の中に記載が求められている UFI についても，第 3 章で説明するように，表示及び包装からの免除が認められる場合がある．

2.3.5　ラベル表示における規則（第 31 条，第 32 条）

ラベルは，対象の物質又は混合物が入っている包装の単一又は複数の表面上に直接しっかりと貼付されなければならない．製品上のラベルは，図 2.9 に示すように普通に包装を置いた場合に水平に読め，ラベルの色及び外観は，危険・有害性絵表示がはっきりと目立つようにしなければならない．

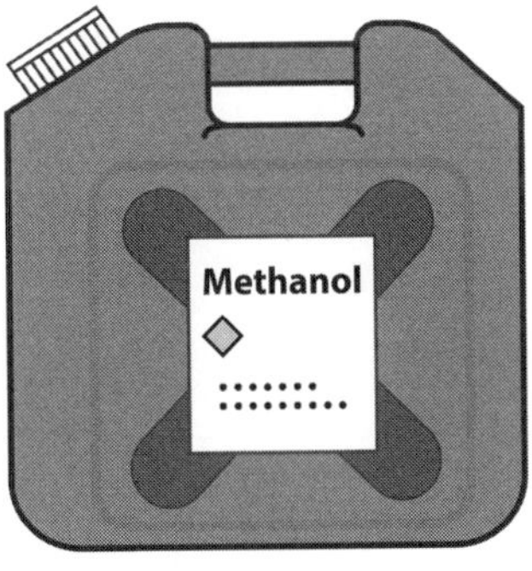

図 2.9　CLP に従ったラベル表示例

第 17 条(1)で言及されている各ラベル要素［2.3（表示）参照］が，はっきりと視認でき，かつ消えないように表示される必要がある．ただし，ラベル要素が包装自体にはっきりと印刷などにより表示されている場合には，ラベルを貼付する必要はなく，これまで述べてきたラベル表示に適用される要求事項は，その包装上に表示された情報に適用されることになる．

危険・有害性絵表示，注意喚起語，危険有害性情報及び注意書きは，ラベル上に一緒に配置しなければならない．危険有害性情報の順番及び注意書きの選択は供給者に委ねられているが，複数言語での表示が必要な場合には，それぞれ，言語ごとにまとめて表示しなければならない．

危険・有害性絵表示は，図2.10に示すように，背景が白色，シンボルは黒色で，枠が赤色の倒立正方形とし，その大きさはラベル面積の1/15，最小でも1 cm^{2}としなければならない．

図2.10　CLPに従った危険・有害性絵表示の例と仕様[1)]

ラベル及び危険・有害性絵表示の大きさ（寸法）は，附属書Ⅰのセクション1.2.1において，表2.16のとおり定められている．容量に対して，かなり大きなラベルが求められており，ラベル作成時には注意していただきたい．

表2.16　CLPに従った危険・有害性絵表示の寸法例

容量	ラベル寸法（mm）	絵表示寸法（mm）
容量＜3 L	可能ならば， 少なくとも　52×74	最小限　10×10 可能ならば，少なくとも 16×16
3 L≦容量＜50 L	少なくとも　74×105	少なくとも　23×23
50 L≦容量＜500 L	少なくとも　105×148	少なくとも　32×32
容量≧500 L	少なくとも　148×210	少なくとも　46×46

［出典：Regulation (EC) No 1272/2008 of the European Parliament and of the Council, ANNEX I, Table1.3[6)]］

ECHAの“表示及び包装ガイダンス[1]”に，小容器におけるラベルの例が次のように示されている（図2.11及び図2.12）．

その例の一つは，フィンランドで上市する8 mlのボトルに入った物質（一般市民向けの製品ではない）で，図2.11に示すように，フィンランド語とスウェーデン語の2言語での表示が求められる．

この内容物の危険・有害性には，次の分類が割り当てられている．

- 引火性液体　区分2
- 皮膚刺激性　区分2
- 生殖毒性　区分2
- 誤えん有害性　区分1
- 特定標的臓器毒性－単回ばく露　区分3
- 特定標的臓器毒性－反復ばく露　区分2
- 水生環境有害性　長期（慢性）　区分2

この包装物は，実際には，図2.12に示すような容器で，折り畳み方式や結び付けタグ方式が難しく，内容量が125 mlを越えないため，表2.15（附属書

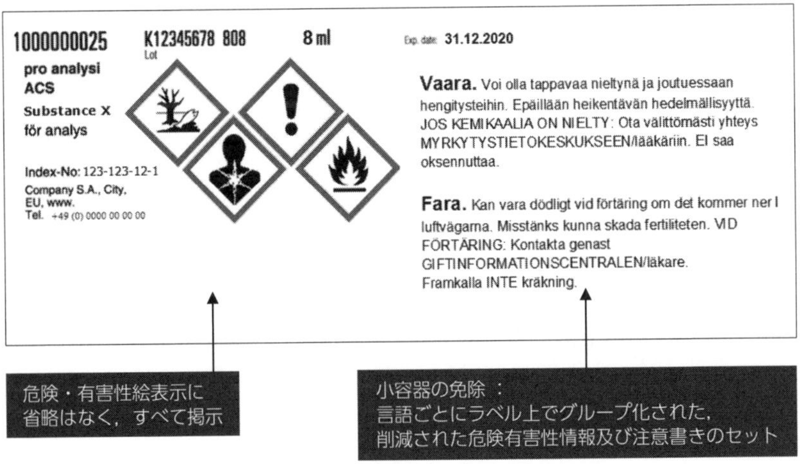

図2.11　小容器（内容量8 ml）における有害性液体のラベル例
［出典：ECHA発行の“表示及び包装ガイダンス[1]”］

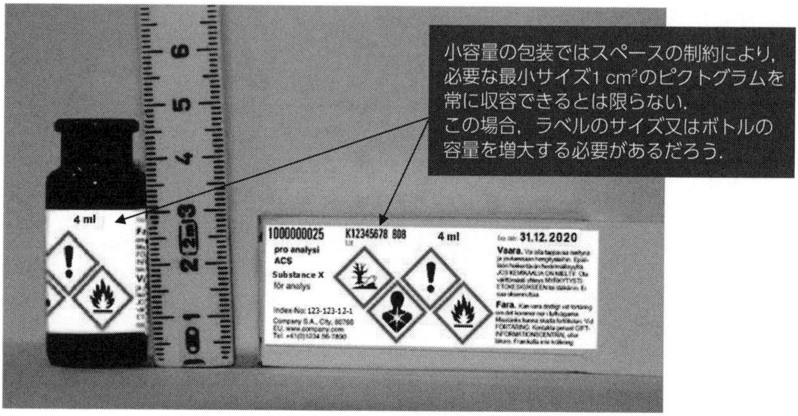

図 2.12　小容器（内容量 4 ml）における有害性液体のラベル例
［出典：ECHA 発行の“表示及び包装ガイダンス[1)]”］

Iのセクション 1.5.2）の適用が可能である．

まず，危険・有害性絵表示には，次の4種類が該当する．

・炎（GHS02），感嘆符（GHS07），健康有害性（GHS08）及び環境（GHS09）

次に，注意喚起語は，優先原則に従って“危険（Danger）”が選択される．

続いて，危険有害性情報と注意書きについては，表 2.15 に照らし合わせると，次の危険・有害性クラス及び区分に関連するものが省略可能である．

・引火性液体　区分 2

・皮膚刺激性　区分 2

・特定標的臓器毒性－単回　区分 3

・特定標的臓器毒性－反復　区分 2

・水生環境有害性　長期　区分 2

一方，次の二つの危険・有害性クラス及び区分に関連する危険有害性情報と注意書きは省略できず，ラベルに記載しなければならない．

・生殖毒性　区分 2

・誤えん有害性　区分 1

注意書きは，原則として6個を超えてはならず，優先原則に従って選択する．

ラベルは，注意喚起語，危険有害性情報及び注意書きは一つの言語でまとめて記載しなければならず，図 2.11 では注意喚起語“危険”（フィンランド語：“Vaara”，スウェーデン語：“Fara”）以下，危険有害性情報と注意書きがフィンランド語とスウェーデン語でまとめて記載されている．

ラベルの実寸が図 2.11 に示す 32 mm×95 mm であれば，必要な最小サイズ 1 cm^2 の四つの危険・有害性絵表示を収容できるが，図 2.12 に示す 4 ml のボトルでは，最小サイズ 1 cm^2 の四つの危険・有害性絵表示を収容することが難しく，このような場合には，本ガイダンスによれば「ボトル自体の容量及びラベルサイズを増大する必要がある．」としており，注意が必要である．

それでは，ここからラベルに使用される文字及び事前に印刷された危険・有害絵表示用の赤枠についての注意事項を説明する．

（1）ラベルに使用する文字について

ラベルに使用する文字には，“読みやすさ”が求められる．読みやすさの観点では，まず文字サイズが重要である．文字の最小サイズとして，図 2.13 に示す“X-height”が最小でも 1.2 mm（参考値）を確保するようにし，包装全体の容量及びラベル寸法に合わせて決定することが求められる．

図 2.13　文字の高さ X-height

読みやすさは，フォントサイズ，文字間隔，行間隔，ストローク幅，文字の色，書体，文字の幅と高さの比率，素材の表面及び文字と背景のコントラストの組合わせなどによって決まってくる．これらの因子が読みやすさに与える影響の例が，ECHA の“表示及び包装ガイダンス[1)]”には，図 2.14 のように示されている．この図を参考にして，ラベルに使用する文字は，極力読みやすいものにしていただきたい．

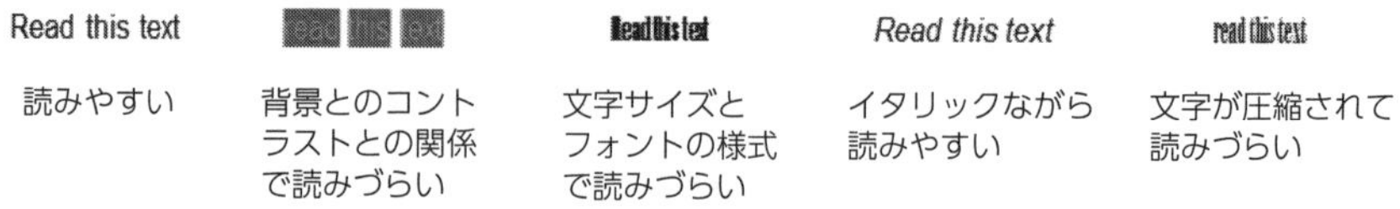

図 2.14　ラベルに使用する文字の読みやすさ
［出典：ECHA 発行の“表示及び包装ガイダンス[1)]”］

(2) 事前に印刷された危険・有害性絵表示用赤枠の対処法

CLP対応のラベルを作成する方法の一つとして，危険・有害性絵表示のために事前に倒立正方形の赤枠のみを複数印刷したラベルを準備しておき，包装物の危険・有害性に応じて，印刷された赤枠の中に該当するシンボルを記載する方法がある．この場合に，すべての赤枠にシンボルが記載されず，空の赤枠が残る可能性がある．空の赤枠は，新たな危険・有害性絵表示ではないか，との疑問を呈される恐れがあり，空の赤枠は残さず，図2.15に示すように完全に黒く塗りつぶすことが推奨されている．

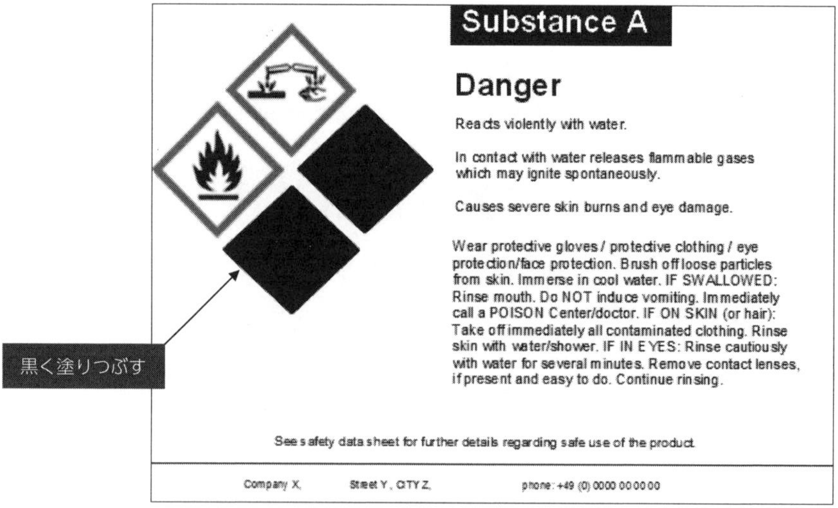

図 2.15　黒く塗りつぶされた空の赤枠
［出典：ECHA 発行の“表示及び包装ガイダンス[1)]”］

以上のような観点で，赤枠がラベル上に見える図 2.16 に示すような方法は避けるべきである．

図 2.16　避けるべき赤枠の残し方

2.3.6　外包装，内包装及び単一包装での表示に対する具体的ルール（第 33 条）

CLP が求める表示と国連危険物輸送勧告に基づく表示・標札との関係を正しく認識しておくことは極めて重要である．CLP ではその関係が，組合わせ容器の場合の外包装と内包装及び単一包装に分けて，第 33 条で明確に規定されており，その内容を次に紹介する．

(1)　外包装と内包装の両包装を行う場合の表示ルール

包装が外包装と内包装で構成されている場合には，外包装が危険物輸送勧告に基づく表示条項に適合するかどうかで，図 2.17 に示すように外包装と内包装の表示の仕方が異なる．

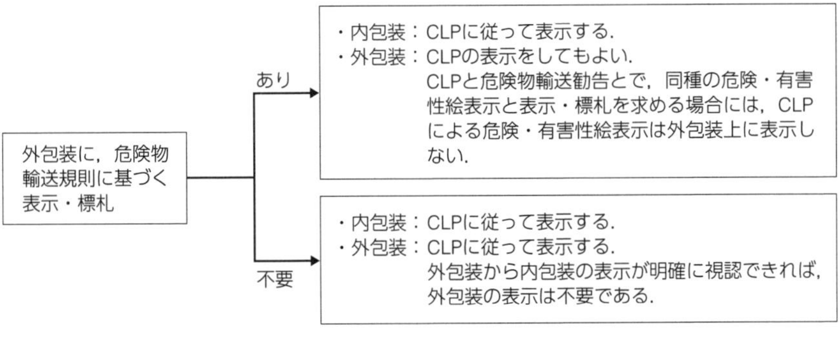

図 2.17　外包装と内包装の両包装を行う場合の CLP に基づく表示方法

外包装に危険物輸送勧告に基づく表示・標札があれば，内包装にはCLPに基づく表示を行う．外包装にもCLPに基づく表示を施しても構わない．その際，CLPが要求する危険・有害性絵表示が，危険物輸送勧告において同種の危険・有害性に関係している場合には，CLPによる危険・有害性絵表示は外包装上に表示しない．

外包装に危険物輸送勧告に基づく表示・標札が必要ない場合は，外包装及び内包装にはCLPに基づく表示を行わなければならない．ただし，内包装の表示が外部よりはっきり見える外包装の場合には，外包装への表示を行わなくてもよい．

ECHAの“表示及び包装ガイダンス[1)]”には，外包装に危険物輸送勧告の標札が施されている場合の内・外包装の表示例（図2.18）が示されており，参考にしていただきたい．

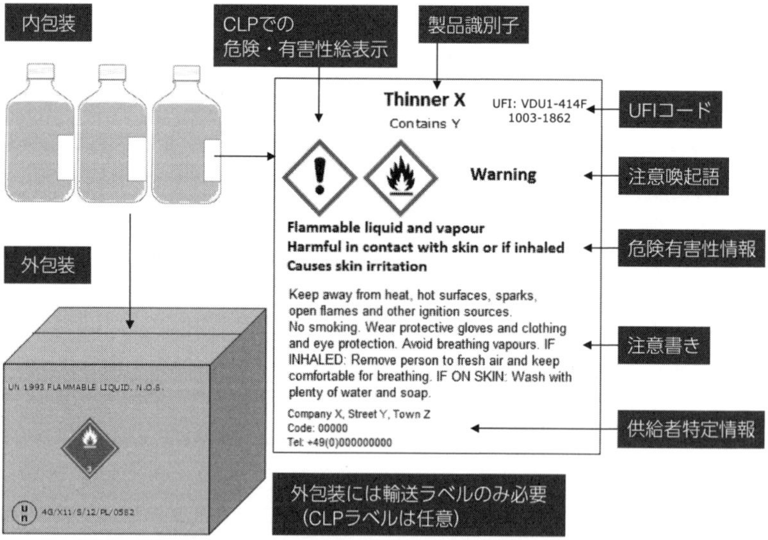

図2.18　外包装と内包装の両包装を行う場合の表示例
［出典：ECHA発行の“表示及び包装ガイダンス[1)]”］

(2) 単一包装の場合の表示ルール

危険物輸送勧告に基づく表示条項に適合する単一包装については，図 2.19 に示すように，CLP と危険物輸送勧告の両方に基づく表示を行わなければならない．ただし，CLP が要求する危険・有害性絵表示が，危険物輸送勧告において同種の危険・有害性に関係している場合には，CLP による危険・有害性絵表示は施さない．

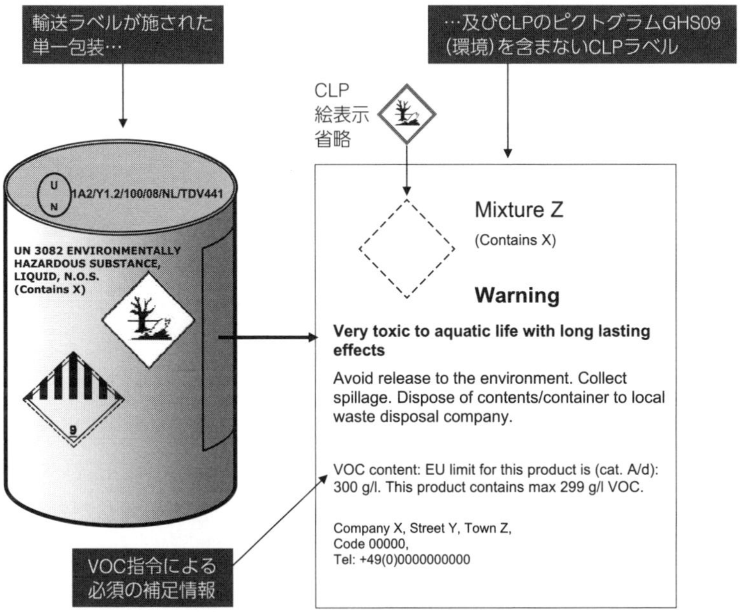

図 2.19　単一包装の場合の表示例

［出典：ECHA 発行の“表示及び包装ガイダンス[1)]”］

2.4　包装（Packaging）

危険・有害な物質又は混合物を入れる包装は，第 35 条(1)に規定された要求事項を満たしていなければならない．

第35条（包装）

1. 危険・有害な物質又は混合物を入れる包装は，次の要求事項を満たさなければならない．
   (a) 包装は，他のより具体的な安全装置が規定されている場合を除いて，その内容物が漏出しないように，設計され，作成されていなければならない．
   (b) 包装材及び留め具を構成する材料は，その内容物の影響を受けやすい，又はその内容物と危険・有害な化合物を形成する可能性があってはならない．
   (c) 包装材及び留め具は強固で，通常の取扱いでの応力や歪みに対して緩むことなく，安全に耐えられることが確実でなければならない．
   (d) 交換可能な留め具を備えた包装は，繰り返し留め付けても内容物が漏出しないように設計されなければならない．

危険・有害な物質又は混合物を一般市民に提供する場合の包装は，特に配慮が求められる．第35条(2)において，「当該包装は，子どもの強い好奇心を誘引又は喚起したり，消費者を誤解させやすい形状や設計であってはならない．また，食品や飼料，医療品又は化粧品に使用されるものと類似した外観や設計も消費者の誤解を招くため採用してはならない．」と規定されている．

一般市民に提供する物質又は混合物が，表2.17に記載した危険・有害性に該当する場合，その包装には，その危険・有害性に応じてCRF（Child-Resistant Fastening：チャイルド・レジスタント）包装及び／又はTWD（Tactile Warnings of Danger：触覚識別表示）が施されなければならない．

CRF包装の詳細は，附属書IIのセクション3.1.2，3.1.3及び3.1.4に規定されている．例えば，誤えん有害性に該当する物質又は混合物の入った包装は，どのような容量であっても，エアゾールの形態や密封されたスプレー容器を除いて，CRF包装に適合していなければならない．

表 2.17　CRF 包装及び触覚識別表示が求められる危険・有害性

危険有害性クラス（区分）	CRF 包装	TWD *
急性毒性　（区分 1 to 3）	✓	✓
急性毒性　（区分 4）		✓
特定標的臓器毒性－単回（区分 1）	✓	✓
特定標的臓器毒性－単回（区分 2）		✓
特定標的臓器毒性－反復（区分 1）	✓	✓
特定標的臓器毒性－反復（区分 2）		✓
皮膚腐食性　（区分 1，1A, 1B 及び 1C）	✓	✓
呼吸器感作性　（区分 1，1A 及び 1B）		✓
誤えん有害性　（区分 1）*1	✓	✓
生殖細胞変異原性　（区分 2）		✓
発がん性　（区分 2）		✓
生殖毒性　（区分 2）		✓
可燃性ガス　（区分 1 及び 2）		✓
引火性液体　（区分 1 及び 2）		✓
可燃性固体　（区分 1 及び 2）		✓

*　この規定は「極燃性エアロゾル」または「可燃性エアロゾル」としてのみ分類及び表示されるエアロアゾルには適用されない

CRF 包装は，再密封が可能な包装では，CEN（仏：Comité Européen de Normalisation：欧州標準化委員会）及び ISO（International Organization for Standardization：国際標準化機構）によって採択された“Child-resistant packaging–Requirements and testing procedures for reclosable packages（チャイルド・レジスタント包装—再密封可能な包装に対する要件と試験方法）”に関する EN ISO 8317：2015 に適合しなければならず，一方，再密封できない包装では，CEN に採択された“Packaging–Child-resistant packaging–Requirements and testing procedures for non-reclosable packages for non-pharmaceutical products（包装—チャイルド・レジスタント包装—非医薬品のための再密封できない包装に対する要件と試験手順）”に関する EN 862：2016 に適合しなければならない．

TWD の詳細は，附属書 II のセクション 3.2 に規定されている．TWD の技術仕様は，EN ISO 規格 11683：1997 “Packaging－Tactile warnings of danger－Requirements（包装―触覚識別表示―要件）” に適合しなければならない．

一般市民に提供する化学製品に，表 2.18 に示すメタノール若しくはジクロロメタンが濃度限界以上含有される場合には，その製品の包装には，容量にかかわらず，CRF 包装が施されなければならない．

表 2.18　CRF 包装が求められる物質と濃度

No.	物質の特定			濃度限界
	CAS No.	化学物質名	EC No.	
1	67-56-1	メタノール	200 － 659 － 6	≧3%
2	75-09-2	ジクロロメタン	200 － 838 － 9	≧1%

［出典：Regulation (EC) No 1272/2008 of the European Parliament and of the Council，ANNEX II，3.1.1.3[6)]］

2016 年には，CRF 包装と TWD に特化した執行（査察）パイロットプロジェクト “Forum Pilot Project on Child-resistant fastenings[14)]” が実施されている．

その報告書では，図 2.20 に示すような，“触覚識別表示（△の突起）が正しい位置（△の上部がパッケージの下部から 50 mm を超えない位置で，直立した取り扱い面に配置）に配置されておらず，イラストも興味を引くもので議論の余地がある” との問題事例が複数掲載されており，反面教師として参考になる．

“ジェルボール®*” と一般的に呼ばれる単回使用の可溶性包装液体洗剤（図 2.21）は，世界各地で乳幼児などによる誤飲の問題が発生し，欧州においても CLP の附属書 II のセクション 3.3 で個別に規制がかけられている．

＊　“ジェルボール®” は，ザ プロクター アンド ギャンブル カンパニー（P&G）の登録商標である．

図 2.20　表示及び包装関連の執行（査察）で指摘された事例（2016 年実施）[14]

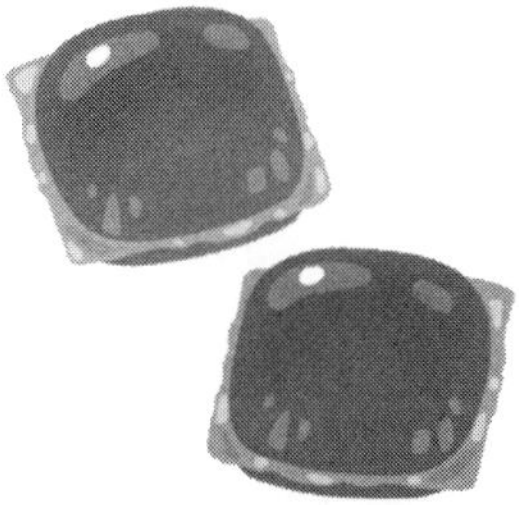

図 2.21　単回使用の可溶性包装液体洗剤“ジェルボール®”

単回使用の消費者用可溶性包装液体洗剤は，必ず外包装に入れられなければならない．外包装は，内部の製品やその大きさが見えないように不透明又は不明瞭なものとする．外包装の目に入る場所には注意を引く様式で，注意書き（74 ページ参照）P102“子どもの手の届かない場所に保管する”が記述されていなければならず，その外包装は，開放したままの状態にするリスクを回避するために容易に再密封できる自立型容器でなければならない．幼児がその両手を使っても外包装容器を開けることができないようなクロージャー（蓋，キャップ，栓などをいう）を取り付け，そのクロージャーは，使用終了まで開閉を繰り返す条件下でその機能を維持することが求められる．可溶性（内部）包装については，誤って口に入れた場合に，安全な，かつ最長6秒以内に口から吐き出す行動を催す濃度で嫌悪剤（例えば，苦味など）が含まれていなければならない．さらに，20℃の水中でその液体含有量を少なくとも30秒間保持し，標準的な試験条件下で少なくとも300［N］の機械的圧縮強度に耐えるという技術的要件（水溶解及び機械的耐性）を満足しなければならない．

2.5　広告（第48条）

危険・有害性に分類された物質についての広告には，いかなるものであっても関連する危険・有害性クラスや区分に対して言及されなければならない．

危険・有害性に分類された混合物，又は第25条(6)の適用を受け（表2.12参照），一般の人々が事前にラベルを見ずに購入契約を締結することができる混合物についてのいかなる広告も，ラベルに示される危険・有害性の種類に言及しなければならない．

広告は，消費者トラブルの要因になるおそれがあり，また執行（査察）の対象にもなりやすい事案であるから，隔地者間取引指令97/7/EC[15)] など，関連する法令を十分に調査のうえ，吟味して作成いただきたい．

2.6　ECHAへのC&L届出と分類・表示インベントリー

CLPでは，EU独自の規則として，化学物質又は混合物の製造者及び輸入者に対して対象となる化学物質の分類及び表示情報をECHAに届出する（以下，“C&L届出”とする．）義務を課している．

ECHAは，届出された化学物質の分類及び表示情報を“分類・表示インベントリー”データベースとして確立し，維持するとともに，REACH第118

条に規定された規則（EC）No 1049/2001[16] の適用を受けて公表しなければならない.

この規則は，欧州議会，理事会及び欧州委員会の文書へ一般市民ができる限り広くアクセスできるようにすることが目的で，ECHA は，ウェブサイト“C&L Inventory[17]”を立ち上げて，届出された情報を公表・周知している．それでは，ECHA への化学物質の C&L 届出と分類・表示インベントリーの詳細について記述していくことにする.

2.6.1　ECHA への C&L 届出

CLP の第 39 条と第 40 条において，化学物質又は混合物の製造者及び輸入者に対して対象となる化学物質の分類及び表示情報を ECHA に届出する義務を課すことが規定されている.

第二章　分類・表示インベントリー

第 39 条（適用範囲）

本章は以下に適用される.

(a) 規則（EC）No 1907/2006 に従って登録が必要な物質

(b) 第 1 条の範囲内の物質で，危険・有害性の分類基準に適合し，かつそれ自体において，又は本規則又は指令 1999/45/EC に定められた濃度限界を超え，そのために混合物が危険・有害性と分類される結果となる，混合物中において，上市されるもの.

第 40 条（ECHA への届出義務）

1. 第 39 条に言及された物質を上市する製造者及び輸入者，又は製造者及び輸入者のグループ（以下，“届出者”という）は，次の情報を，それらが第 42 条に言及されるインベントリーに収載されるために，ECHA に届け出なければならない.

(a) その単一又は複数の物質の上市責任を有する届出者の特定名，規則（EC）No 1907/2006 の附属書 VI のセクション 1 に指定されて

いるとおりに
(b) その単一又は複数の物質の化学的特定名，規則(EC) No 1907/2006の附属書VIのセクション2.1〜2.3.4に指定されているとおりに
(c) 第13条に従った，その単一又は複数の物質の分類
(d) 物質が，危険・有害性クラス又は区別（differentiation）の全部でなく一部について分類されている場合，それがデータ不足，非決定的なデータ又は決定的であるが分類には不十分，によるかどうかの記述
(e) 適用可能な場合，本規則の第10条に従った特定濃度限界又はM-ファクター，並びに規則（EC）No 1907/2006の附属書Iのセクション1，2及び3項の関連する部分を用いた正当化
(f) その単一又は複数の物質に対する第17条(1)の項目（d)，（e）及び（f）に指定されたラベル要素，並びに第25条(1)に従って決定されたその物質に対するあらゆる補足危険有害性情報
（以下，省略）

ECHAへのC&L届出において，注意すべき事項を次に記述する．

(1) 届出対象物質

第39条で指定するCLPでの届出対象物質を，かみ砕いて表2.19に示す．規則（EC）No 1907/2006は，REACHのことであり，横の行には第39条（a）に対応してREACHの登録対象と登録対象ではない年間1トン未満の物質及びポリマーを，縦の列には第39条（b）に対応して危険・有害性の有無を，記載している．

REACHの登録対象物質であれば，第39条（a）より，危険・有害性の該当有無に関係なく，届出の対象となる．一方，REACHの登録対象ではない年間1トン未満の物質やポリマーであっても，CLP分類によって危険・有害性に該当すれば，C&L届出の対象となることに注意しなければならない．

表 2.19　CLP での C&L 届出の対象となる物質

条項		第 39 条 (a)	–	
	条件	REACH 登録対象 (1トン/ 年以上の上市物質)	1トン/年 未満	Polymer
第 39 条 (b)	危険有害性の ある物質	要届出 (REACH 登録済であれば不要)	要届出	
–	危険有害性の ない物質	not clasiified として届出要 (REACH 登録済であれば不要)	届出不要	

(2) 届出対象者

ECHA が，ウェブサイト “Who has to submit and what can be submitted in a notification?[18)]” において示す届出対象者は，次の五つのいずれかに該当する者としている．量に関係なく危険・有害性と分類される物質には C&L 届出の義務が発生する，並びに成形品の輸入者も C&L 届出の対象者になりうる，という点には特に注意が必要である．

- REACH に基づいて登録の対象となる物質の製造者
- REACH に基づいて登録の対象となる物質の輸入者
- 量に関係なく危険・有害性と分類される物質の製造者又は輸入者
- 危険・有害性と分類され，関連する濃度限界を超えて存在する物質を含む混合物で，これにより危険・有害性と分類される混合物の輸入者
- REACH 第 7 条に基づく登録の対象となる物質を含む成形品の輸入者

CLP には，1.11（CLP における自社の立場）で述べたように，REACH の第 8 条に規定する OR の記述はなく，OR は REACH 登録文書の一部として C&L 届出に必要な情報を ECHA に提出することができる．C&L 届出を個別に提出する必要がある場合，通常，EU の輸入者が届出をしなければならない．

EU 域外の事業者が，営業秘密情報保持の理由から，物質又は混合物の組成を EU の輸入者に開示できない場合は，輸入者の 1 人を指名し，他の輸入者に代わって，あるいは製造者又は輸入者ではない第三者（例えば，OR）が，

EUの輸入者に代わってグループとして届出することも可能である．このような場合の第三者はあくまで届出作業を行うものであり，グループのメンバーである輸入者の義務を引き継ぐものではない．

この手法が採用される場合，提出者となる第三者は，グループのメンバーである製造者・輸入者の名前で，「代理人として行動することが義務付けられており，そのメンバーの製造者/輸入者は届出に関連するすべての義務を単独で完全に履行する責任がある．」と認めていることを文書化できなければならない．

この製造者・輸入者のグループ形成に関連する文書は，C&Lの基礎となるデータや情報とともに，管轄当局及び関連する執行当局が確認できるように求められる場合があり，代理での提出者並びにグループを形成する製造者・輸入者は当該文書を保管しておくことが望まれる．

(3) 届出時期

届出時期は，第40条(3)で規定されている．2010年12月1日より前に上市された物質は当該期日の前に，2010年12月1日以降に上市された物質はその上市後1か月以内に届出しなければならない．

EUに物質を輸入する際には，REACHでの登録に加えて，C&L届出の義務を有することも忘れてはならない．

(4) 届出情報

届出情報は，2.6.1（ECHAへのC&L届出）に記載した第40条(1)の（a）～(f）に規定された情報である．ただし，これら（a)～(f）の情報が，REACHでの登録の際にすでにECHAに提出されていれば，CLPでの届出を行う必要はない．

(5) 届出におけるIUPAC名の秘匿

届出を行う事業者は，特定の物質を分類・表示インベントリーに届出する際に物質の IUPAC 名を秘匿することができる．その特定の物質とは，REACH，第 119 条(2)（f）及び（g）に記載されている次の物質である．

・非段階的導入物質（non-phase in substances）

・次の一つ以上でのみ使用される物質：

1）中間体として

2）科学的研究開発において

3）製品・プロセス指向研究開発において

IUPAC 名を秘匿するためには，届出者は，届出物質が上述のいずれかに該当することの明示を含め，秘匿する正当な理由並びに分類・表示インベントリーで使用される代替名を提示するとともに，届出文書において，機密保持フラグを立てなければならない．因みに C&L 届出の機密保持フラグは無料である．この機密フラグを立てる方法は，ECHA 公開のデータ提出マニュアル "How to prepare a classification and labelling notification[19]" で説明されており，参照していただきたい．

これが認められれば，IUPAC 名は機密情報とみなされ，分類・表示インベントリーでは代替名が公開されることになる．

ここで注意すべきは，C&L 届出で認められた代替名は，その他の目的に自動的に使用することはできないということである．ラベル又は（e）SDS において混合物中の物質の化学的特定名を秘匿するために代替名を使用するには，C&L 届出とは別に，2.3.2［代替化学名の使用の申請（第 24 条)］に記載した，物質の代替化学名の使用を ECHA に申請しなければならない．

(6) 届出情報の合意に向けた努力

第 41 条（合意されたエントリー）において，「第 40 条の届出が，同一物質に対して，インベントリーの中で異なる記載をもたらす結果となる場合，届出者，登録者はインベントリー中で一つの合意された記載になるようにあらゆる努力を払わなければならない．届出者は，その旨を ECHA に通知すること．」と規定されており，C&L 届出者は同一物質の届出者の届出情報を確認し，もし異なっていれば，統一されるように合意に向けた努力を払うことが求められている.

(7) 届出の書式

ECHAへの届出に関する書式は，第40条(1)に「REACHの第111条に従って規定された書式で提出しなければならない.」と規定されている．REACHの第111条の規定は，「ECHAは，ECHAへのあらゆる提出について，書式並びにソフトウエア・パッケージを規定し，それらを無償でウェブサイト上で利用できるようにしなければならない．登録のための技術文書一式の書式は，IUCLIDとする.」である．したがってCLPの届出は，IUCLIDを用いて行わなければならない.

IUCLID（International Uniform ChemicaL Information Database：国際統一化学情報データベース）は，OECDとECHAとによって共同開発された，規制に関連して化学物質に関する科学的データを管理（記録，保管，提出，交換など）するためのソフトウェアであり，IUCLIDのウェブサイト[20]より無償でダウンロードできる.

REACHの登録文書など，ECHAに提出する文書は，いずれもIUCLIDを用いて作成する必要があり，IUCLIDには習熟しておくことが望まれる.

(8) 届出方法

C&L届出の方法は，ECHA公開のマニュアル“How to prepare a classification and labelling notification[19]”で詳しく説明されている.

具体的には，REACH-ITを使って，次に示す手順（段階）で，C&L届出を行う.

REACH-IT[21]とは，ECHAが開発した事業者（産業界），加盟国の管轄当局及びECHA間を安全に連結する通信チャンネルで，REACH登録用文書の提出，処理，管理などを行う，中央ITシステムである.

段階1：REACH-ITにサインアップし，届出者のLegal entity（法的主体）

を作成する（https://reach-it.echa.europa.eu/）.

段階 2：IUCLID で参照物質を作成する.

段階 3：届出する物質の IUCLID に物質データセットを作成する.

段階 4：CLP の要求情報を IUCLID の物質データセットに入力する.

段階 5：IUCLID で C&L 届出文書を作成する.

段階 6：IUCLID から C&L 届出文書をエクスポートする.

段階 7：REACH-IT を介して C&L 届出文書を ECHA に提出する.

実際の C&L 届出作業は，マニュアル "How to prepare a classification and labelling notification[19)]"を参照しつつ，慎重に進めていただきたい．特に C&L 届出用の IUCLID には，事業者自らが入力データに不備がないかをチェックするための Validation assistant と呼ばれる検証システムが備わっており，提出前にはこのシステムを稼働させ，不備がないことを確認したうえで C&L 届出を行うことが強く推奨される.

(9) 届出情報の更新［第 40 条 (2)］

分類の見直し（2.2.6 参照）において，分類と表示に変更があれば，届出者は，C&L 届出情報を更新し，最新化しなければならない.

2.6.2　分類・表示インベントリー

C&L 届出として ECHA に提出された情報は，ECHA により分類・表示インベントリー（C&L Inventory）[17)] として公開されることになる．公開される情報は，次に示す REACH の第 119 条において言及されたものである.

REACH　第 119 条（電子的な公的利用）

1. 物質そのもの，混合物中又は成形品中のいずれかにある物質に関して，ECHA が保有する次の情報は，第 77 条(2)(e) に従って，インターネット上で無償で公的に利用可能にされなければならない.

(a) 本条の第2項（f）及び（g）を侵害することなく，規則（EC）No 1272/2008の附属書Iに設定された次の危険・有害性クラス又は区分に対する基準を満たす物質について，IUPAC命名法による名称

・危険性クラス2.1～2.4，2.6と2.7，2.8タイプAとB，2.9，2.10，2.12，2.13　区分1と2，2.14　区分1と2，2.15　タイプA～F

・有害性クラス3.1～3.6，3.7性機能及び受胎能力又は発生への悪影響，3.8麻酔作用以外の影響，3.9と3.10

・有害性クラス4.1

・有害性クラス5.1

(b) 該当する場合，EINECSによる物質の名称

(c) 物質の分類及び表示

(d) 物質に関する物理化学的データ，経路及び環境中の運命

(e) 毒性学的及び生態毒性学的調査の各結果

(f) 附属書Iに従って確立したDNEL（導出無毒性量）又はPNEC（予測無影響濃度）

(g) 附属書VIのセクション4及び5に従って提供する安全な使用の指針

(h) 附属書IX又は附属書Xに従って要求される場合，環境に放出されたときに危険な物質を検知できる，及び人体への直接ばく露を測定できる分析法.

(2. 省略)

届出情報は，ECHAのウェブサイトにあるINFORMATION ON CHEMICALSにタッチすると表示される紫色のCLP中にあるウェブサイト“C&L Inventory[17)]”にて確認することができる.

フェノール（Phenol）を例に取り，どのような経路で探索できるか紹介し

たい．一つは上述の ECHA の C&L Inventory ウェブサイトにある“> CL Inventory”にまずアクセスする．そうすると C&L Inventory のサーチ画面が表示されるので，物質名 phenol，若しくは数的識別子として Cas 番号 108-95-2 を入力して，サーチすれば，一覧表が掲示されてくる．この表の最右にある view notifications にアクセスすることにより，フェノールの C&L Inventory に到達できる（図 2.22）．

Notified classification and labelling

General Information

EC / List no.	Name	CAS Number
203-632-7	Phenol	108-95-2

Notified classification and labelling according to CLP criteria

Classification		Labelling									
Hazard Class and Category Code(s)	Hazard Statement Code(s)	Hazard Statement Code(s)	Supplementary Hazard Statement Code(s)	Pictograms, Signal Word Code(s)	Specific Concentration limits, M-Factors	Notes	Classification affected by Impurities / Additives	Additional Notified Information	Number of Notifiers	Joint Entries	
Acute Tox. 3	H301	H301		GHS08 GHS05 GHS06 Dgr				State/Form	105	✔	View details
Acute Tox. 3	H311	H311									
Skin Corr. 1B	H314	H314									
Acute Tox. 3	H331	H331									
Muta. 2	H341	H341									
STOT RE 2	H373 (other:kidney, l...)	H373									
Acute Tox. 3	H301	H301		GHS08 GHS09 GHS05 GHS06 Dgr				State/Form	105	✔	View details
Acute Tox. 3	H311	H311									
Skin Corr. 1B	H314	H314									
Acute Tox. 3	H331	H331									
Muta. 2	H341	H341									
STOT RE 2	H373 (other:kidney, l...)	H373									
Aquatic Chronic 2	H411	H411									

図 2.22 フェノールの届出情報

もう一つは ECHA のウェブサイト[22] にある“Search our data”に，物質名 phenol，若しくは Cas 番号 108-95-2 を入力して，Search for chemicals を押し，表示される一覧表から phenol を選択して BP（Brief Profile）にアクセスする．フェノールに関する Substance description（物質の記述）として種々の Regulatory contexts（法規制状況）が表示されるので，CLP の Notified C&L にある notified by industry にアクセスすれば，フェノールの C&L Inventory を確認できる．

C&L の届出者は，自社の届出がどのように公表されているのかを確認することが望まれる．

2.7 調和分類・表示とCLP改正（ATP対応）

CLPの重要な制度の一つとして，CLPは，発がん性などの最も懸念される有害性をもつ物質に関してEU全体で適切なリスク管理を確保するために，該当物質を収載した調和された分類・表示リストを有している．調和分類・表示リストに収載された物質の分類及び表示は，指定された調和分類・表示に従わなければならない（2.1.2参照）．

CLPには，調和分類・表示とも関連する重要なシステムとして，ATP（Adaptation to Technical and scientific Progress）と称して，技術的及び科学的進歩へ適応させるために定期的に改正することが条文に組み込まれており，2年ごとに改訂される国連GHSの随時導入や個々の物質の調和分類・表示の追加・修正・削除などが行われている．

これらCLPの二つの重要な制度及びシステムについて記述していきたい．

2.7.1 調和分類・表示

調和分類・表示は，前文（53）に示されているように，元々，旧指令である67/548/EECの附属書I，The directive on dangerous substances[23]” として存在していたものである．旧指令からCLPに変更された際に，国連GHSをベースとするCLPの分類基準に従って分類し直され，CLPの附属書VIとして再整理された．

調和分類・表示リストに収載された物質に対しては，前文（17）（一部抜粋）に記載されているように，製造者，輸入者及び川下ユーザーは該当する調和分類・表示を使用する義務がある．

> 前文（53）
>
> 指令67/548/EECの附属書Iに収載された特定の物質の分類及び表示を含めて，指令67/548/EECの下で蓄積された作業及び経験を十分に考慮

するために，すべての既存の調和分類は新たな基準を用いて新しい調和分類に転換されなければならない.

前文（17）

特定の危険・有害性クラス又は危険・有害性クラス内の区別に該当する物質の分類を調和させるという決定が下され，その目的のために本規則の附属書VIのパート3へ収載された又は修正された場合には，製造者，輸入者及び川下ユーザーはその調和分類を適用しなければならず，残りの調和されていない危険・有害性クラス又は危険・有害性クラス内の区別に対してのみ自己分類すべきである.

それでは，どのような物質が調和分類・表示の対象であり，どのような手順で調和分類・表示物質が決定され，調和分類・表示ではどのような項目が決定され，さらにそれらがどのように公開されるのか，記述していくことにする.

(1) 調和分類・表示の対象物質

調和分類・表示の対象となる物質は，第36条で次のように規定されている. 第36条(1)に示された各有害性に該当する物質並びに植物保護製品指令91/414/EEC又は殺生物性製品指令98/8/ECでの活性物質が，調和分類・表示の対象である. 加えて，第36条(3)に規定されているように，その他の有害性に該当する物質であっても，ケース・バイ・ケースの評価によって調和分類・表示の対象となり得ることは認識しておくべきである.

第36条（物質の分類及び表示の調和）

1. 次について附属書Iに設定された基準を満たす物質は，通常，第37条に従って調和分類及び表示の対象とならなければならない.
   (a) 呼吸器感作性，区分1（附属書Iのセクション3.4）
   (b) 生殖細胞変異原性，区分1A，区分1B又は区分2（附属書Iのセ

クション3.5）

（c）発がん性，区分1A，区分1B又は区分2（附属書Iのセクション3.6）

（d）生殖毒性，区分1A，区分1B又は区分2（附属書Iのセクション3.7）

2. 指令91/414/EEC又は指令98/8/ECの意味における活性物質である物質は，通常，調和分類及び表示の対象とならなければならない．このような物質については，第37条(1)，(4)，(5)，(6)に定められた手順が適用されなければならない．

3. 物質が，第1項で言及された以外の危険・有害性クラス又は区別の基準に適合し，かつ第2項に該当しない場合，第37条に従った調和分類及び表示は，そのような措置が共同体レベルで必要であることを実証する根拠が提供された場合，ケース・バイ・ケースで附属書VIに追加される可能性がある．

(2) 調和分類・表示物質の指定手順

調和分類・表示物質の指定プロセスは，ECHAのウェブサイト“Harmonised classification and labelling（CLH）[24)]”において，図2.23のとおり手順が示されている．

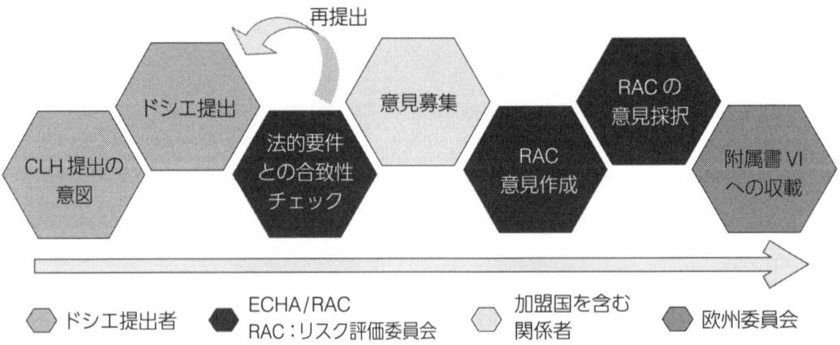

図2.23　調和分類・表示物質の指定手順[24)]

CLH プロセスは，ECHA が，加盟国又は製造者，輸入者又は川下ユーザーによる CLH 文書を提出する意図（CLH intention）を受け取った時点で開始される．ECHA は CLH 提出の意図を受領すると，物質の同一性をチェックし，その意図を ECHA のウェブサイト“Registry of CLH intentions until outcome[25)]”に公開する．

この公開によって，当該物質が調和分類・表示プロセスの対象となったことをその物質の利害関係者に知らせ，CLH プロセス中にあるパブリックコンサルテーションでの意見提出の早期準備を促すことができるとともに，同一物質に対して複数の当事者が同時に CLH 提案を提出する状況を防ぐ狙いもある．

CLH 提出の意図を示した加盟国又は製造者，輸入者あるいは川下ユーザーは，CLH 文書を作成し，ECHA に提出する．CLH 文書の作成及び提出には，ECHA のウェブサイト“Submission of CLH dossiers[26)]”が参考になる．

ECHA は，提出された CLH 文書が CLP の法的要件に基づいて合致しているか確認（accordance check）し，CLH 文書が適合していると判断されれば，ECHA は，CLH 文書をウェブサイト“Harmonised classification and labelling consultations[27)]”に公開して，パブリックコメントが募集される．

パブリックコンサルテーションの期間は，60 日間である．

パブリックコンサルテーションが終了すると，受領したコメントは編集され，コメントへの CLH 文書提出者の回答とともに，ECHA の RAC（Committee for Risk Assessment：リスク評価委員会[28)]）に送付される．

RAC は，対象となったすべての危険・有害性クラスについて入手可能な証拠を調査し，関連するデータと情報を徹底的に評価した後，RAC として CLH についての意見をまとめ上げる．この RAC の CLH に関する意見は，CLH 文書提出者によって最初に提案されたものとは異なる分類になる場合もある．CLH に関する RAC の意見は，CLH 文書が適合していると判断され受領されてから，18 か月以内に採択されなければならない．ECHA は，RAC の意見（その附属書なども含めて）を欧州委員会に送付する．欧州委員会は，CARACAL の専門家グループの支援を受けつつ，CLP の規定に従って，利害関係者の意見を募集し，その内容も検討したうえで，当該物質の調和分類・表示に関する委任規則を準備する．その後，委任規則は欧州委員会によって採択され，欧州理事会と欧州議会に通知される．欧州理事会と欧州議会による異議申し立てがなければ，異議申し立て期間終了後に，当該物質の調和分類・表示がCLPの附属書VIのパート3に収載するという委任規則が欧州官報に公示される．

(3) 調和分類・表示での決定事項

調和分類・表示では，対象となる物質に対して，次に示す第38条(1)で規定された各事項が決定され，第38条(2)に従って公開される．

第38条（附属書VIのパート3における調和分類及び表示に対する意見並びに決定の内容：情報の利用可能性）

1. 第37条(4)に言及されたあらゆる意見及び第37条(5)に従ったいかなる決定も，各物質について少なくとも次を明示しなければならない．
   (a) 規則（EC）No 1907/2006の附属書VIのセクション2.1～2.3.4に規定された物質の特定名
   (b) 理由の陳述を含む，第36条に言及された物質の分類
   (c) 適用可能場合，特定濃度限界又はM-ファクター
   (d) その物質に対して第17条(1)の項目（d），（e）及び（f）に規定されたラベル要素及び第25条(1)に従って決定された補足危険有害性情報
   (e) 対象の危険有害な物質を含有する混合物の，又は関連する場合，そのような物質を特定された不純物，添加物及び成分として含有する物質の健康又は環境有害性について実施されるべきアセスメントを可能とする，その他のあらゆるパラメーター
2. 本規則の第37条(4)及び(5)に言及された意見又は決定を一般に利用可能とする際には，規則（EC）No 1907/2006の第118条(2)及び第119条が適用されなければならない．

(4) 調和分類・表示物質の公表

調和分類・表示は，CLP の附属書 VI，パート 3 の Table3.1 List of harmonised classification and labelling of hazardous substances[6] として示されている．個々の物質に関しては，ECHA のウェブサイト "Summary of Classification and Labelling" にて確認できる．再度，フェノール（図 2.24）を例としてみてみよう．このウェブサイトには，2.6.2（分類・表示インベントリー）で紹介した ECHA のウェブサイト[22] にある "Search our data" から到達できる．Phenol の BP（Brief Profile）において，"Harmonised Classification & Labelling" にアクセスすれば，"Summary of Classification and Labelling" が表示される．

フェノールの基本情報として，上部にインデックス番号，EC 番号，Cas. 番号及び国際的な化学物質名称が表示され，次の段にはフェノールの危険・有害性［急性毒性（経口，経皮，吸入）の各区分 3 など］とそのラベル要素並びに特定濃度限界と M-ファクターなどが示され，最下段には注意喚起語と危険・有害性絵表示が掲示されている．

このウェブサイトの下方には，2.6.2（分類・表示インベントリー）で紹介したフェノールの C&L Inventory も掲載されている．

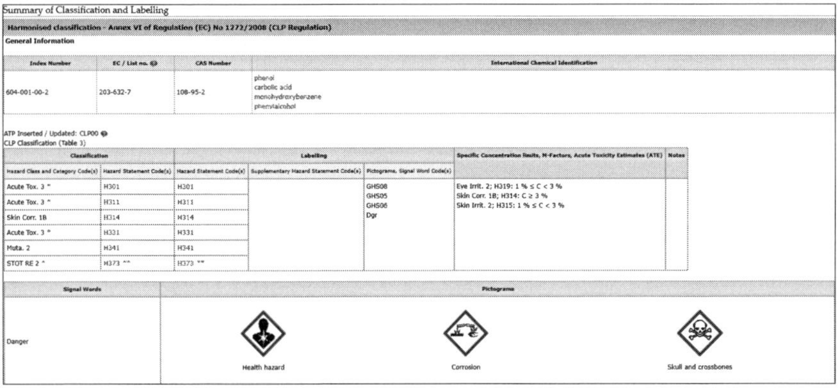

Summary of Classification and Labelling

Harmonised classification - Annex VI of Regulation (EC) No 1272/2008 (CLP Regulation)

General Information

Index Number	EC / List no.	CAS Number	International Chemical Identification
604-001-00-2	203-632-7	108-95-2	phenol carbolic acid monohydroxybenzene phenylalcohol

ATP Inserted / Updated: CLP00
CLP Classification (Table 3)

Classification		Labelling			Specific Concentration limits, M-Factors, Acute Toxicity Estimates (ATE)	Notes
Hazard Class and Category Code(s)	Hazard Statement Code(s)	Hazard Statement Code(s)	Supplementary Hazard Statement Code(s)	Pictograms, Signal Word Code(s)		
Acute Tox. 3 *	H301	H301		GHS08 GHS05 GHS06 Dgr	Eye Irrit. 2; H319: 1 % ≤ C < 3 % Skin Corr. 1B; H314: C ≥ 3 % Skin Irrit. 2; H315: 1 % ≤ C < 3 %	
Acute Tox. 3 *	H311	H311				
Skin Corr. 1B	H314	H314				
Acute Tox. 3 *	H331	H331				
Muta. 2	H341	H341				
STOT RE 2 *	H373 **	H373 **				

Signal Words	Pictograms
Danger	Health hazard　Corrosion　Skull and crossbones

図 2.24　フェノールの調和分類・表示[29]

2.7.2　CLP改正（ATP対応）

CLPは，前文（77）に示されているように，技術的及び科学的進歩に適応させるために，大きく二つの観点から改正が行われる．

その一つは，2年ごとに改訂される国連GHSを随時取り入れていくことであり，二つ目は特定の物質に対して調和分類・表示を決定する，あるいは修正するというものである．

> 前文（77）
>
> 特に，欧州委員会には，国連レベルでGHSに対して行われた修正，特に類似の混合物に関する情報の使用に関係するあらゆるそのような国連での修正を組み入れることを含め，本規則を技術的及び科学的進歩に適応させる権限が付与されるべきである．このような技術的及び科学的進歩への適応を実施する際には，国連レベルでの2年ごとの作業リズムを考慮に入れるべきである．
>
> さらに，欧州委員会には，特定の物質の調和分類及び表示を決定する権限が与えられるべきである．これらの措置は一般的な範囲のものであり，本規則の基本要素以外の部分を修正するよう設計されているため，それらは，決定1999/468/ECの第5a条に規定されている精査を伴う規制手続きに従って採択されなければならない．

これまでの，ATP対応のCLP改正実績を表2.20に示す．この表のCLP（改正）規則名称にある4桁の数字は，その改正規則の公布年を示しており，ほぼ毎年，CLPは改正されていることがわかる．その内容は，ATP11を除いて，改訂されていく国連GHSの導入及び附属書VIの改正，すなわち，調和分類・表示の修正（追加・置換・削除）である．

最近の調和分類・表示に対応したCLP改正の詳細は，ECHAのウェブサイト“Table of harmonised entries in Annex VI to CLP[30)]”及び欧州委員会域内市場・産業・起業・中小企業総局のウェブサイト“Chemicals legislation[31)]”にて確認できる．

表 2.20　ATP 対応の CLP 改正実績

ATP	CLP（改正）規則　名称	改正概要
CLP	Regulation (EC) No 1272/2008	初版
ATP 1	Commission Regulation (EC) No 790/2009	附属書 VI 改正（67/548/EEC　第 30，第 31 ATP 物質 包含）
ATP 2	Commission Regulation (EU) No 286/2011	国連 GHS 改訂 3 版の導入
ATP 3	Commission Regulation (EU) No 618/2012	附属書 VI 改正
ATP 4	Commission Regulation (EU) No 487/2013	国連 GHS 改訂 4 版の導入
ATP 5	Commission Regulation (EU) No 944/2013	附属書 VI 改正
ATP 6	Commission Regulation (EU) No 605/2014	附属書 VI 改正
ATP 7	Commission Regulation (EU) No 2015/1221	附属書 VI 改正
ATP 8	Commission Regulation (EU) No 2016/918	国連 GHS 改訂 5 版の導入
ATP 9	Commission Regulation (EU) No 2016/1179	附属書 VI 改正
ATP 10	Commission Regulation (EU) No 2017/776	附属書 VI 改正
ATP 11	Commission Regulation (EU) No 2018/669	附属書 VI 表 3 の化学物質名称等の翻訳（各国言語）
ATP 12	Commission Regulation (EU) No 2019/521	国連 GHS 改訂 6 版，7 版の導入（官報公布：2019 年 3 月）
ATP 13	Commission Regulation (EU) No 2018/1480	附属書 VI 改正
ATP 14	Commission Delegated Regulation (EU) No 2020/217	附属書 VI 改正
ATP 15	Commission Delegated Regulation (EU) No 2020/1182	附属書 VI 改正
ATP 16	Commission Delegated Regulation (EU) No 2021/643	附属書 VI 改正（Part1 の修正）
ATP 17	Commission Delegated Regulation (EU) 2021/849	附属書 VI 改正

ATP 対応の CLP 改正は，図 2.25 に示すように公布されるおよそ半年から 1 年前に WTO/TBT 通報が行われるため，その時点でどのような CLP 改正が行われるか把握することができる．CLP 改正が行われると，該当する事業者は，

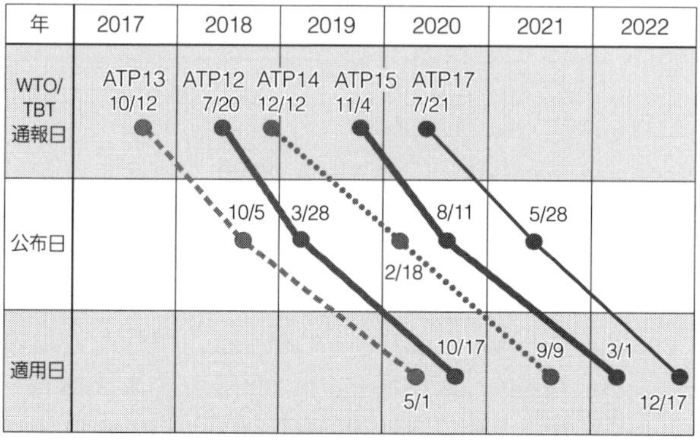

図 2.25　最近の ATP 対応 CLP 改正における WTO/TBT 通報，公布・適用日

その改正を受けて，C&L 届出の更新，ラベル及び（e）SDS の改訂を行わなければならないために，適用まで一定の期間が設定されている．該当する事業者は，公布日から適用日の間（1.5 年間程度）で，上述の対応を完了させる必要があり，逆に適用日を失念しないように注意が必要である．

2.8　懸念物質の管理

REACH 及び CLP の目的の一つは，ヒトの健康と環境を高レベルで保護することを確保することであり，そのためには，取り扱う物質及び混合物の危険・有害性を明確にし，懸念を有する物質を適切に管理することである．2013 年 2 月には，欧州委員会によって「2020 年までに，関連する現在知られているすべての SVHC を認可候補物質リストに含める」という“SVHC Roadmap”が提案され，それを受けて，ECHA より“SVHC Roadmap to 2020 Implementation Plan[32)]”が公表された．

ECHA は，この“SVHC Roadmap to 2020 Implementation Plan”を進めていく中で，REACH と CLP のこれまでの施行から得られた経験に基づいて，2016 年に種々の規制プロセスをまとめた統合規制戦略（Integrated Regulatory Strategy）を開発し策定した．

この戦略は，REACH と CLP 両規則の目標を達成するための，及び化学品に関して国連の SDGs（持続可能な開発目標）によって設定された目標の達成に貢献するための，明確で首尾一貫した基盤を提供するものである．この統合戦略の具体的な狙いは，次の 3 項目にある．

・潜在的な懸念を引き起こす物質又は物質のグループを効率的に選定する．それらの安全性を評価するために必要な情報が生成され，そのことによって，残存する懸念は最も適切な規制リスク管理措置を通して対処できる．
・すべての関係者（ECHA，加盟国，欧州委員会及び産業界）による適切かつタイムリーな参画を確実にする．
・登録者が REACH 情報要件を満たしているという信頼を利害関係者間に提供し，サプライチェーンでの安全な使用に関する情報伝達の改善を促進する．

ECHA は，この統合戦略を“懸念物質の対処”として図式化している（図 2.26）．

REACH に登録された，あるいは C&L 届出された物質又は物質グループから懸念を有するおそれのある物質又は物質グループをスクリーニングし，懸念の有無を評価後，懸念を有する物質又は物質グループに対して EU において最適な規制措置を導出し，決定するフローである．

このプロセスにおいては，懸念物質に対してどのような規制措置が最適化を検討する“ARN（Assessment of regulatory needs：必要な規制の評価）”及びこの図には示されていないが，このプロセス全体の進捗具合及びこのプロセスで検討対象となった個々の物質が現在どの工程にあるかを公表する“PACT (Public Activities Coordination Tool：公開活動調整ツール)”は重要なプロセス及びツールであり，個別に取り上げて紹介したい．

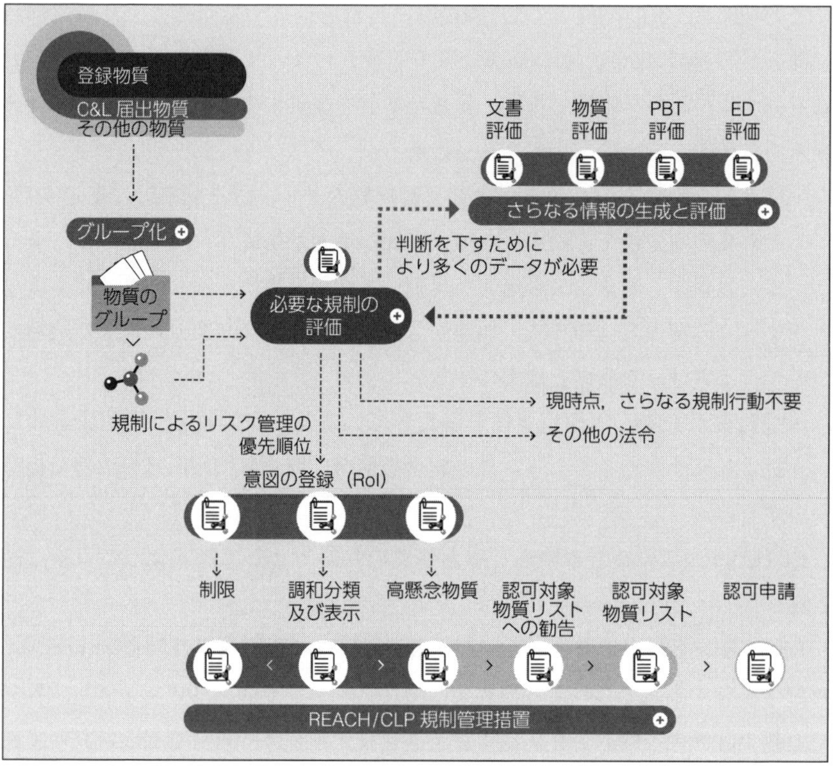

図 2.26　懸念物質の管理
［出典：ECHA infographic “Addressing substances of concern[33]”］

2.8.1　必要な規制の評価（ARN）

ARNは，ECHAが2021年12月に開催したウェビナー[34]では，RMOA（Regulatory Management Option Analysis：規制管理オプション分析）とグループ評価（Group assessment）を合わせたものであると説明されている．

RMOAは，2013年12月に公表された“SVHC Roadmap to 2020 Implementation Plan[27]”の中で，Risk Management Option Analysisとして新規に導入された，加盟国の当局が特定の物質に規制措置が必要かどうかを分析し懸念物質に対処するための最適な規制措置（例えば，調和分類・表示，認可候補物質リストへの収載，制限又はその他の EU 全体の措置）を特定するためのプロセスである．その後，実施される広範な分析の範囲をよりよく反映させるために名称が上述のように変更されている．加えて，規制措置が必要な化学物質の特定をスピードアップするなどを目的として，単一の物質ではなく，化学構造的に類似する物質をグループ[35] として評価する手法が取り入れられることになった．

このARNは，EUの法律では定義されておらず，当初は主に加盟国によって，現在ではECHAも評価担当機関に加わって，任意（ケース・バイ・ケース）で実施されるもので，その結論は当該評価を担当した加盟国当局又は機関の結論にしかすぎず，直接的な法的意味をもつものではないが，評価された物質の規制の必要性や規制が必要な場合のその方向を示すもので，統合規制戦略の下で重要なステップとなっている．ARNの結果は，評価担当国が，結論として下された最適規制に係わるRoI（Registry of Intention：意図の登録）を提出することにより，当該規制との関連性を有することになり，以降，その規制プロセスに従うことになる．規制措置の中で，調和分類・表示に指定されると，1.7（CLPの化学品関連法令における位置付け）で紹介したように，多くの化学品関連規制がCLPの調和分類・表示を引用しているため，場合によっては，多くの化学品関連規制が自動的に発動し，広範囲に規制がかかることが起こりえる．

ARNプロセスにおいて，選定された物質を取り扱う事業者は，利害関係者として担当当局と早期に情報を共有し，議論を重ね，取るべき適切な行動についての共通の理解を深めることが重要である．

2.8.2　PACT（Public Activities Coordination Tool）

PACT[36] は，RMOAと同じく2013年12月に公表された“SVHC Roadmap to 2020 Implementation Plan”の中で新たに導入された，加盟国又はECHAが危険・有害性や懸念について調査を行っている物質を公表するツールで，当局の物質調査に関する作業の透明性と予測可能性を高めるために開発されたものである．PACT 内の情報[37]は 48 時間ごとに更新されており，この情報によって，将来，どの物質がどのリスク管理措置によって規制される可能性があるかをより正確に予測できる．

現在では，図 2.27 に示すように，REACH 及び CLP での評価及び規制段階を次の 3 領域，さらに九つの細区分によって，個々の物質がどの評価若しくは規制段階にあるか一目で感知できるようになっている．物質によっては，同一の評価段階で複数の適用範囲が設定されているため，複数の数字が入っているものや複数の評価が進行しているために複数の箇所に数字が入っているものもある．

REACH 登録者及び C&L 届出者をはじめとして，化学品を取り扱う事業者は，定期的に PACT 情報を監視することにより，例えば，取り扱う物質の規制に関するパブリック・コンサルテーションに向けて情報を収集し意見をまとめておくなど，規制への対応を準備しておくことが望まれる．

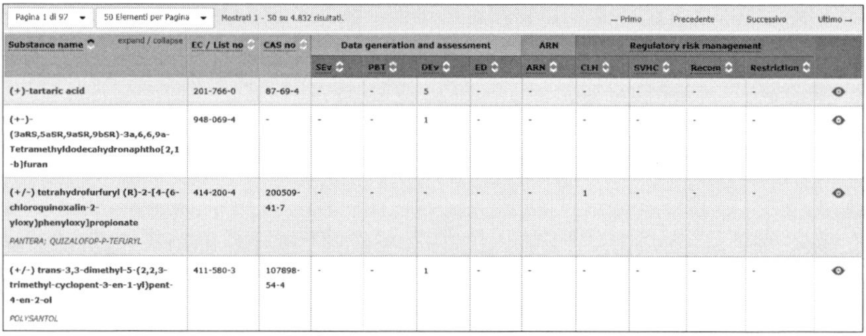
Pagina 1 di 97　50 Elementi per Pagina　Mostrati 1 - 50 su 4.832 risultati.　— Primo　Precedente　Successivo　Ultimo →

Substance name　expand / collapse	EC / List no	CAS no	Data generation and assessment				ARN	Regulatory risk management				
			SEv	PBT	DEv	ED	ARN	CLH	SVHC	Recom	Restriction	
(+)-tartaric acid	201-766-0	87-69-4	-	-	5	-	-	-	-	-	-	
(+-)-(3aRS,5aSR,9aSR,9bSR)-3a,6,6,9a-Tetramethyldodecahydronaphtho[2,1-b]furan	948-069-4	-	-	-	1	-	-	-	-	-	-	
(+/-) tetrahydrofurfuryl (R)-2-[4-(6-chloroquinoxalin-2-yloxy)phenyloxy]propionate *PANTERA; QUIZALOFOP-P-TEFURYL*	414-200-4	200509-41-7	-	-	-	-	-	1	-	-	-	
(+/-) trans-3,3-dimethyl-5-(2,2,3-trimethyl-cyclopent-3-en-1-yl)pent-4-en-2-ol *POLYSANTOL*	411-580-3	107898-54-4	-	-	1	-	-	-	-	-	-	

図 2.27　PACT での対象物質一覧表[37]

表 2.21　図 2.27 で使用されている用語・略語

分類	使用用語・略語	
データ生成及び評価	SEv	Substance evaluation：物質評価
	PBT	Persistent，bioaccumulative and toxic：難分解性，生物蓄積性及び毒性

表 2.21　（続き）

分類	使用用語・略語	
データ生成及び評価	DEv	Dossier evaluation：文書評価
	ED	Endocrine disruptor：内分泌かく乱特性
ARN		Assessment of regulatory needs：必要な規制の評価
規制リスク管理	CLH	調和分類・表示
	SVHC	Substances of very high concern：高懸念物質
	Recom	認可対象物質リスト収載への勧告物質
	Restriction	制限

2.9　執行（Enforcement）

執行は，第 VI 編（管轄当局及び執行）の第 43 条及び第 46 条で規定されているように，加盟国の職務である．執行により，物質が分類され，その結果が ECHA に届出されているか，あるいは正確なラベルが製品に表示されているかなど，CLP の義務保有者のコンプライアンスが検証される．CLP が遵守されていない場合には，第 47 条に基づいて加盟国が設定する刑罰が適用されることになる．

第 VI 編　管轄当局及び執行

第 43 条（管轄当局と執行当局の指名，及び当局間の協力）

加盟国は，調和分類・表示の提案に責任を有する単一又は複数の管轄当局，及び本規則に定められた義務の執行に責任をもつ当局を指名しなければならない．

管轄当局及び執行責任を有する当局は，本規則下での業務遂行において互いに協力し，他の加盟国における対応する当局に，この目的のために，すべての必要で有用な支援を提供しなければならない．

第46条（執行及び報告）

1. 加盟国は，物質及び混合物が，本規則に従って分類され，表示され，届出され，包装されない限り，上市されないことを確実にするため，公的管理システムの維持を含め，あらゆる必要な措置を取らなければならない.
2. 加盟国は，5年ごと，7月1日を期限として公的管理の結果及びその他の実施した執行措置に関する報告書をECHAに提出しなければならない．第1回の報告書は，2012年1月20日までに提出されなければならない．ECHAはこれらの報告書を欧州委員会の利用に供し，欧州委員会はこれらを規則（EC）No 1907/2006の第117条に基づく報告書に対して考慮しなければならない.
3. 規則（EC）No 1907/2006の第76条(1)(f）に言及されたフォーラムは，本規則の執行に関して規則(EC) No 1907/2006の第77条(4)(a)～(g)に規定された職務を遂行しなければならない.

第47条（不遵守に対する刑罰）

加盟国は本規則の不遵守に対する刑罰を導入し，本規則が適用されることを確実にするために必要なあらゆる措置を講じなければならない．刑罰は，効果的で，均衡が取れ，抑止効果のあるものでなければならない．加盟国は，刑罰に対する規定を2010年6月20日までに欧州委員会に通知し，それらに影響を与えるその後のいかなる修正についても，遅滞なく欧州委員会に通知しなければならない.

EUにおける執行関連体制を図2.28に示す.

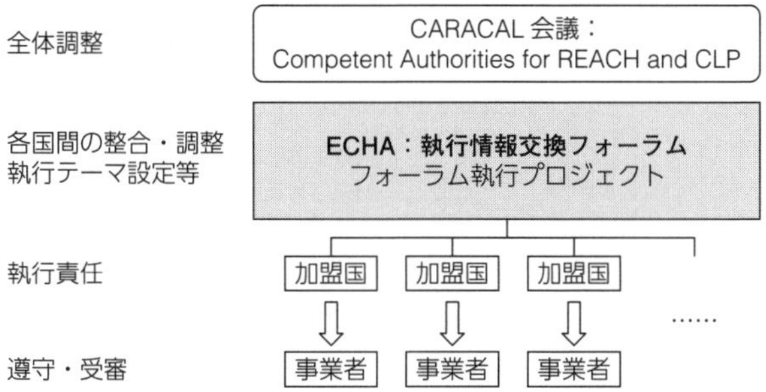

図 2.28 EU における執行関連体制

REACH 及び CLP に関して EU 全体で調和された執行が実施されるように，ECHA 内に REACH 及び CLP の執行に責任がある加盟国当局のネットワークを形成し，その調整を図るための執行に関する情報交換フォーラム［Forum for Exchange of Information on Enforcement，略称，フォーラム（Forum）］[38]が設置されている．

REACH 及び CLP に関する執行（査察）は，フォーラムの活動計画及びその実施状況並びに結果に関する情報を入手することによって把握できる．EU 全体にかかわる執行（査察）は，フォーラム執行プロジェクト（Forum enforcement projects）[14]として計画的に実施される．

フォーラム執行プロジェクトの実施状況を表 2.22 に示す．執行（査察）は，EU 全体で実施される“REACH-EN-FORCE”（REF）と比較的小規模で実施される“パイロットプロジェクト”の 2 種類に区分される．REACH-EN-FORCE（REF）では，執行（査察）に係わる一連の作業：優先事項の決定 → 準備 → 実施（査察）→ 報告が，それぞれ年単位で取り進められる．執行（査察）の対象は，その時点での行事や事象あるいは課題に関して設定される．例えば，2018 年が REACH 登録の最終期限であったために，2019 年の執行（査察）の対象には登録が設定されている．

近年では，化学製品においても増加している EU 域内での，あるいは域外からのオンライン販売における広告や製品の表示に関して問題が指摘されており，

表 2.22 フォーラム執行プロジェクト実施状況

年	REACH-EN-FORCE 実施回 （対象）				パイロットプロジェクト
	優先事項の決定	準 備	実施（査察）	報 告	
2016	REF 6 （CLP）	REF 5 （eSDS 等）	REF 4 （制限）	REF 3 （登録）	認可対象物質 第2回目
2017	REF 7 （登録）	REF 6 （CLP）	REF 5 （eSDS 等）	REF 4 （制限）	CLP（インターネット販売） 成形品中物質
2018	REF 8 （オンライン販売）	REF 7 （登録）	REF 6 （CLP）	REF 5 （eSDS 等）	PIC（ロッテルダム条約）関連 ポリマー中のモノマー
2019	REF 9 （認可）	REF 8 （オンライン販売）	REF 7 （登録）	REF 6 （CLP）	EU 輸入品（税関との協力で実施）
2020	REF 10 （消費者製品での有害物質）	REF 9 （認可）	REF 8 （オンライン販売）	REF 7 （登録）	認可対象物質 第3回目 （対象：Cr^{6+}）
2021	REF 11 （SDS の改正対応）	REF 10 （消費者製品での有害物質）	REF 9 （認可）	REF 8 （オンライン販売）	洗剤及び洗浄剤
2022	未定	REF 11 （SDS の改正対応）	REF 10 （消費者製品での有害物質）	REF 9 （認可）	

化学製品のオンライン販売が2020年の執行（査察）の対象となっている．

EU全体での執行（査察）は，少なくとも2年前には，査察のテーマと対象が公表されることから，関連する事業者は，査察を受審するかどうかは不明ながら，査察を受ける可能性があるとして，準備することが勧められる．

執行（査察）では，その不適合の程度に応じて，口頭あるいは文書での忠告から命令や罰金などの措置が課せられる．

またREACH-EN-FORCEの実施報告書には，実際に確認された不適合の内容や査察に使用されたチェックリストが公開されている．CLPを対象とした

第 6 回プロジェクトの報告書 "REF-6 PROJECT REPORT Classification and labelling of mixtures[14)]" には，混合物の分類，分類に関連する（e）SDS の各セクション及びラベルのチェック項目が示されており，自社の化学品管理の現状確認や改善の参考として活用できる（表 4.4，195 ページ参照）.

各企業は，フォーラム及び事業を展開する加盟国の執行計画を事前に把握し，いつでも査察を受審できるように，化学品管理体制を整備しておくことが望まれる．化学品管理体制の整備については，"4.8　REACH 登録，C&L 届出及び PCN 提出後の維持管理と査察対応" において言及することにしたい.

2.10　CLP と国連 GHS との関係及び今後の CLP 改正の方向

CLP の前文（6）～前文（8）には，国連 GHS を尊重し，率先して CLP に導入していくことが示されている．しかし単に国連 GHS を導入するのではなく，前文（8）には，EU での長期にわたる化学品管理の経験を土台として EU でこれまで開発してきた独自の危険・有害性分類も採用していくことが宣言されている.

> 前文（6）
>
> 本規則は，国連レベルにおいてだけではなく，国際的に合意された GHS 基準の共同体の法律への組み入れを通じて，欧州共同体が分類及び表示についての基準の世界的な調和に貢献する意図を確認した種々の宣言に従う.
>
> 前文（7）
>
> 企業にとっての便益は，世界のより多くの国が GHS 基準を自国の法規に採択するとともに増大するであろう．欧州共同体は，他国が追随することを推奨するとともに，共同体内の産業に競争優位性を提供することを目指してこのプロセスの最前線に立たなければならない.

> 前文（8）
>
> したがって，GHSの分類基準及び表示規則を考慮しつつ，しかしまた既存の共同体の化学品法規の実行を通して得られた40年の経験のうえに構築し，分類及び表示の調和システム，まだGHSの一部となっていない共同体の危険・有害性クラス及び現行の表示及び包装規則を通じて達成された保護レベルを維持することにもよって，共同体内での物質，混合物及び特定の成形品の分類及び表示について規定と基準を調和させることが必要不可欠である．

CLPは制定の2008年から10年以上が経過し，かなり大幅な改正の時期を迎えている．ここで注目すべき条項は，第53条(2)及び前文(75)である．

国連GHS及びCLPでは危険・有害性クラスとしては扱われておらず，REACHの附属書XIIIに定義されているPBT（Persistent, Bioaccumulative and Toxic：難分解性，生物蓄積性及び毒性）とvPvB（very Persistent and very Bioaccumulative：極難分解性及び高生物蓄積性）をEUは国連GHSに導入するように努め，さらにCLPに追加することが表明されている．

> 第53条（科学技術の進歩への適応）
>
> 2. 加盟国及び欧州委員会は，対応する国連のフォーラムでのそれぞれの役割に適した方法で，国連レベルにおける難分解性，生物蓄積性及び毒性（PBT）物質及び極難分解性で高生物蓄積性（vPvB）物質の分類及び表示基準の調和を促進しなければならない．

> 前文（75）
>
> 国連レベルでの進展に従って，難分解性，生物蓄積性及び毒性（PBT）物質及び極難分解性で高生物蓄積性（vPvB）物質の分類及び表示は，後の段階で，本規則に含めるべきである．

2.9［執行（Enforcement)］において紹介した第46条(2)に言及されている

“規則（EC）No 1907/2006 の第 117 条に基づく報告書”とは，欧州委員会が REACH に対して 5 年ごとに行わなければならないレビュー（見直し）の報告書を指しており，CLP も REACH とともにその運用状況が 5 年ごとにレビューされると理解される．

欧州委員会は，REFIT（Regulatory Fitness and Performance）プログラム[39]と呼ばれる，EU 内で制定された法律が，市民及び事業者に意図した利益をもたらすという法目的を最小限のコストで達成することを保証するために各法律の運用状況をチェックする制度を有している．このプログラムの目的は，EU の各法律をよりシンプルに，より的を絞って，遵守しやすくすることである．

この REFIT プログラムに従って，REACH を除く最も化学品に関連する 40 以上の法令の適合性チェック［FITNESS CHECK of the most relevant chemicals legislation (excluding REACH)］が一括して実施され，2019 年に欧州委員会によって委員会報告書及びスタッフワーキング文書としてまとめ上げられた[40]．

このスタッフワーキング文書において，「CLP は，懸念される特性を矛盾なく特定するための基礎を提供し，この情報は，化学品の労働者，川下ユーザー及び消費者への危険・有害性の伝達に使用されている．EU におけるほとんどの化学品の危険・有害性評価と分類の主要な基礎として，CLP は効果的であり，大多数の利害関係者は旧指令から CLP に置き換えられたことによって改善が図られたと捉えている．しかしながら，調和分類の指定物質数の速度とその焦点，混合物の分類及び事業者における自己分類の不一致に関して，いくつかの問題が特定された．」と，2019 年時点における CLP の現状が解析されている．

この適合性チェックは，CLP に限定されたものではないが，CLP のその後の改正にも大きな影響を与えると考えられるため，リストアップされた改善必要事項[41]を次に記述する．

将来の改善について，又はさらなる評価が必要となる他のいくつかの重要な領域には，次が含まれる．

- 環境，生物多様性及び生態系の回復力に対する危険・有害化学物質の影響についてのよりよい理解
  これには，CLP 規則に追加の危険・有害性クラスを導入する利点に関する評価が含まれる（例：難分解性，生物蓄積性，毒性及び極難分解性で高生物蓄積性の物質，及び陸生生物への毒性，内分泌かく乱物質）．
- 成形品（消費者製品など）中の物質へのばく露に関連する潜在的なヒトの健康と環境リスクのよりよい理解と管理
  EU は，より循環な経済への移行過程にあるため，成形品中の物質の問題は特に重要である．これは，成形品中の懸念物質のよりよいトレーサビリティ（及びこの情報の消費者と最終使用者への伝達）の必要性を意味しており，このような変更は，材料及び成形品の製造，使用，廃棄の方法にかなりの変化を伴うことになるからである．このことにより，生産，使用及びリサイクルのいくつかのサイクルを通過する危険・有害物質に関連する健康及び環境リスクを管理する方法は疑念なく検討することになる．
- 種々の危険・有害化学品の複合影響，及び種々の経路を介した複合ばく露への対処
- アレルゲンによってもたらされるリスクを特定及び管理する際の一貫性の改善
- 胎児及び幼児，青年などの内分泌かく乱物質に特に敏感な集団を含む，脆弱な集団を保護するための行動の一貫性と強度を確保
- 神経毒性，免疫毒性及び呼吸器感作性に関するより多くの証拠を収集して，これらの特性をもつ物質のリスク評価における潜在的な弱点の程度と重要性を判断
- 内分泌かく乱物質，PBT 及び vPvB の物質，及び特定標的臓器毒性の

分類基準を満たす物質のリスク管理決定に関して発生する不整合に対処

すべてではないが，一部の法律では，これらの特性が，包括的な（generic）リスク考慮に基づくリスク管理措置の対象となっている．

- 内分泌かく乱物質によって引き起こされるリスクに対処

  広く受け入れられているWHOの定義に基づいて，関連するEU内のすべての法律の取組み全体で内分泌かく乱物質を特定するための一貫したアプローチの必要性は，内分泌かく乱物質に関する最近採択されたEU戦略[42]の重要な要素である．

- 代替物質又は代替技術がより持続可能で経済的及び技術的に実行可能である場合，最も危険・有害な化学品をより危険・有害性の低い化学品あるいは非化学的解決策で代替化することを増進

  より持続可能な化学品への移行を促進するための研究と革新を支援及び奨励する努力は，加速され追求される必要がある．

- CLP規則下での化学物質の危険・有害性に関する産業界の自己分類の信頼性と整合性の改善

  現在の懸念は，危険・有害性の情報伝達ツールとしての分類・表示インベントリの価値に影響を与えるため，さらに調査する必要がある．

これらの改善必要事項の中で，最初と最後の項目には，CLPの名称が記されており，直接CLPにかかわるもので，CLPに新たな危険・有害性クラスを導入すること，及び分類・表示インベントリーにおける事業者の自己分類の不整合解消が今後の課題として挙げられている．それ以外の事項も化学品の危険・有害性に関する事項であり，直接的にあるいは間接的にCLPとかかわりがある．

欧州委員会は，気候変動（Climate change）と環境劣化（Environmental degradation）が現在の世界的な脅威であるとし，これらの課題を克服するための新たな成長戦略として“European Green Deal[43]”を2019年12月に発

出した．この成長戦略は八つの主要素より構成されており，その一つが“A zero pollution ambition for a toxic-free environment（毒性物質のない環境に向けた汚染ゼロという野心)”である．

この壮大な目標を達成するために，欧州委員会は，2017年に実施した第2回REACHレビュー[44]や上述のREACHを除く化学品関連法令の適合性チェックの結果などを踏まえて，2020年10月14日に新たな化学品戦略“Chemicals strategy for sustainability towards a toxic-free environment[45]”を採択し公表した．本書ではこの新化学品戦略の詳細には触れないが，この新化学品戦略は1.2.1（CLP制定の背景）において言及した，およそ20年前の2001年に発表された“戦略白書”と同様の位置付けにあると筆者は認識している．この“戦略白書”によって，その後REACHやCLPが誕生したように，2020年の新化学品戦略も今後のEUの化学品管理政策の方向を示す極めて重要な宣言であると捉えるべきである．

この新化学品戦略は，CLPに関連して，「差し迫った環境及び健康の懸念に対処するためのより強力なEUの法的枠組みとして，特に，REACH及びCLPは，化学品を規制するためのEUの基礎として強化されるべきである．自然環境での化学汚染に対処するために，欧州委員会は，環境毒性，難分解性，移動性及び生物蓄積性に完全に対処するために，CLPで新たな危険・有害性クラスとその基準を提案する．化学品管理に関する方法論及びデータとして，CLPが危険・有害性分類の中心的要素であり，欧州委員会が調和分類を開始できることを認めることを確実にする．」と述べている．

この新化学品戦略での宣言事項を具現化するにはCLPの改正が必須であり，2021年5月にCLP改正ロードマップについてのパブリック・コンサルテーションが実施された．ここでは，次に示す事項を含め，種々のオプションを設定して管理規制措置の検討を進めていくことが示されている．

・新たな危険・有害性クラス（例えば，内分泌かく乱性）及び対応する基準の導入

・現在は，CLPの適用対象外にある製品についてのラベルにいくつかの危

険・有害性情報を提供する義務の導入

・混合物及びいくつかの複合物質を分類する義務の明確化
・オンライン販売に対する特定ルールの導入
・いくつかの物質に対して調和された環境及び安全面での（限界）値を提案し設定する可能性を導入
・OR 又はその他の手段を通して，輸入者及び川下ユーザーに物理的影響又は健康有害性に分類された物質に関する情報をポイズンセンターに提出するよう要求し，物流業者がそのような情報を提出する義務の明確化
・欧州委員会に, ECHA に対して新しい調和分類・表示（CLH）ドシエ（技術文書）の作成を要請する権限を導入
・多言語の折りたたみラベルの許可
・包装に十分なスペースがない場合に，適応した表示ルールの導入
・特定化学物質の分類を調和させるための優先順位付けメカニズムを導入
・不必要な管理コストの簡素化及び削減

2021 年 12 月に開催された第 41 回国連 GHS 専門家小委員会[46]では，各国・各地域における GHS の実行状況として，EU の新化学品戦略及びその新戦略に関連して欧州委員会の実施活動が紹介された．この中で，特に，新たな危険・有害性クラスが EU レベルで導入されることが注目される．EU の代表は，EU レベルでの採択に続いて，これらの危険・有害性クラスの国連 GHS への導入作業を開始するための国連 GHS 専門家小委員会の合意を求める提案を，その検討のために提出するだろうと表明している．

CLP は，それ程遠くない時期に大きく改正され，内分泌かく乱性（ED）や PBT 及び vPvB などの新たな危険・有害性が導入されると予想される．これらの特性は，本節の前半で記述したように，EU から国連 GHS 専門家小委員会に提案され，国連 GHS にも導入される可能性がある．

その動向は注視していく必要があり，またここに示した特性を有する物質を取り扱っている事業者は，それらに対してどのように準備し対応していくのか検討しておくことが望ましい．

引用・参考資料

1）https://echa.europa.eu/guidance-documents/guidance-on-clp
2）https://echa.europa.eu/support/mixture-classification
3）https://hpvchemicals.oecd.org/ui/SponsoredSubstances.aspx
4）https://www.meti.go.jp/policy/chemical_management/int/ghs_tool_01GHSmanual.html
5）https://echa.europa.eu/guidance-documents/guidance-on-information-requirements-and-chemical-safety-assessment
6）https://echa.europa.eu/regulations/clp/legislation
7）https://echa.europa.eu/support/registration/how-to-avoid-unnecessary-testing-on-animals/weight-of-evidence
8）https://www.meti.go.jp/policy/chemical_management/int/ghs_text.html
9）https://echa.europa.eu/regulations/clp/labelling
10）https://unece.org/transportdangerous-goods/ghs-pictograms
11）https://echa.europa.eu/alternative-chemical-name-in-mixtures
12）https://echa.europa.eu/support/dossier-submission-tools/reach-it/requesting-an-alternative-chemical-name-in-mixtures
13）https://eur-lex.europa.eu/eli/dir/1999/45/oj
14）https://echa.europa.eu/about-us/who-we-are/enforcement-forum/forum-enforcement-projects
15）https://eur-lex.europa.eu/eli/dir/1997/7/oj
16）https://eur-lex.europa.eu/eli/reg/2001/1049/oj
17）https://echa.europa.eu/regulations/clp/cl-inventory
18）https://echa.europa.eu/regulations/clp/cl-inventory/notification-to-the-cl-inventory
19）https://echa.europa.eu/manuals
20）https://iuclid6.echa.europa.eu/en/home
21）https://echa.europa.eu/support/dossier-submission-tools/reach-it
22）https://echa.europa.eu
23）https://ec.europa.eu/environment/archives/
24）https://echa.europa.eu/regulations/clp/harmonised-classification-and-labelling
25）https://echa.europa.eu/registry-of-clh-intentions-until-outcome
26）https://echa.europa.eu/support/clh
27）https://echa.europa.eu/harmonised-classification-and-labelling-consultation

28）https://echa.europa.eu/about-us/who-we-are/committee-for-risk-assessment
29）https://echa.europa.eu/information-on-chemicals/cl-inventory-database/-/discli/details/1011
30）https://echa.europa.eu/information-on-chemicals/annex-vi-to-clp
31）https://ec.europa.eu/growth/sectors/chemicals/chemicals-legislation_en
32）https://echa.europa.eu/svhc-roadmap-to-2020-implementation
33）https://echa.europa.eu/irs-infographic
34）https://echa.europa.eu/-/assessing-groups-of-chemicals-what-you-need-to-know
35）https://echa.europa.eu/working-with-groups
36）https://echa.europa.eu/understanding-pact
37）https://echa.europa.eu/pact
38）https://echa.europa.eu/about-us/who-we-are/enforcement-forum
39）https://ec.europa.eu/info/law/law-making-process/evaluating-and-improving-existing-laws/refit-making-eu-law-simpler-less-costly-and-future-proof_en
40）https://ec.europa.eu/environment/chemicals/better_regulation/index_en.htm
41）https://eur-lex.europa.eu/legal-content/EN/TXT/?qid=1566802607995&uri=CELEX:52019SC0199R(01)
42）https://eur-lex.europa.eu/legal-content/EN/TXT/?uri=COM:2018:734:FIN
43）https://ec.europa.eu/info/strategy/priorities-2019-2024/european-green-deal_en
44）https://ec.europa.eu/growth/sectors/chemicals/reach/reach-refit-evaluation-reach-review_en
45）https://ec.europa.eu/commission/presscorner/detail/en/ip_20_1839
46）https://unece.org/info/Transport/Dangerous-Goods/events/354455

第3章　ポイズンセンターへの届出情報の調和

化学製品は社会生活に欠かせないものではあるが，その使用方法を誤れば思いがけない事故を発生させるものでもある．そのためEUでは，各加盟国内に化学製品による中毒の予防，早期診断や治療及び危険管理に関する情報を提供する専門機関であるポイズンセンターが設置されている．

欧州委員会のウェブサイト“Poison centres[1)]”には，「EUのポイズンセンターは，一般市民又は医師からの年間少なくとも60万件の電話に応答している（1日当たり約1 700件の電話）．症例の約半分は，子どもが関与する偶発的なばく露に関連している．有害化学物質による中毒に関連するEUの死亡者数は，少なくとも年間400人と推定される．」との記載がある．EUにおいて化学製品による事故が相当な数発生しており，ポイズンセンターが重要な役割を果たしていることが読み取れる．

CLPの第45条では，次に示すように，各加盟国に対して，化学製品，特に混合物製品に係る緊急健康対応の機関を設置し，混合物製品を取り扱う事業者より必要な情報を受領するように義務付けている．ECHAのウェブサイト“Poison Centres[2)]”の中の“National support[3)]”には，各加盟国の指名機関（appointed body）がリストされている．これらの指名機関（加盟国によってはポイズンセンターの場合もある）が受領した情報は，ポイズンセンターに提供され，化学製品による中毒などの事故が発生した際の緊急時に使用される．

> 第45条（緊急健康対応に関する情報の受領責任を有する機関の任命）
>
> 1. 加盟国は，特に予防的及び治療的措置を策定するために，特に緊急健康対応が必要な事態において，混合物を上市する輸入者及び川下ユーザーから関連する情報を受領する責任を有する単一又は複数の機関を

> 指名しなければならない．この情報には，上市され，健康又は物理的影響に基づいて危険・有害性と分類された混合物の化学組成を，第24条に従って代替化学名の使用の要請がECHAに容認された混合物中の物質の化学的特定名を含めて，含まなければならない．
>
> （2. 及び3. 省略）
>
> 4. 欧州委員会には，欧州毒物センター・臨床毒性学者協会（EAPCCT：European Association of Poison Centres and Clinical Toxicologists）のような関連する利害関係者との協議に続いて，緊急健康対応及び予防措置に関連する情報をさらに調和されるために附属書VIIIを修正する，第53条（a）に従って委任規則を採択する権限が付与されている．

CLPの第45条は，各加盟国の義務として記載されているためにわかりにくいが，健康有害性又は物理化学的危険性を有する混合物製品を取り扱う事業者は，ポイズンセンターに必要な情報を提出しなければならないと理解される．この情報提出は，“PCN（Poison Centre Notification：ポイズンセンター届出）”と呼称されている．PCNの情報などに関して，各加盟国間でばらつきがあり，それをEU内で調和させるための新たな規則が2017年に制定された．このPCNの調和には，ECHAが大きくかかわっている．ECHAはPCN専用のウェブサイト“Poison Centres[2)]”を立ち上げ，“PCNポータル”をはじめとする各種関連ツールを開発し提供するとともに，事業者並びに一般市民への周知活動に力を入れている．

それでは，これから次の項目について，詳細を記述していきたい．

3.1　PCNの調和に関する新規則導入の背景

3.2　PCNの調和に関する新規則の概要

3.3　新たに導入された仕組み及びツール

3.4　PCNにおける提出情報の詳細

3.5　PCNに関連した実行可能性（Workability）の改善に向けた法対応

3.6　PCN情報の提出作業手順

3.1 PCNの調和に関する新規則導入の背景

CLP第45条(4)は，2019年に改正されて上述の条文となったが，それまでは，次のように記述されており（一部抜粋），「欧州委員会は2012年1月20日までに加盟各国でのPCNの実情を調査し，EU全体で当該届出情報の調和が可能かどうかレビューしなければならない」とされていた．

> 改正以前の第45条（4）
>
> 4. 2012年1月20日までに，欧州委員会は，輸入者及び川下ユーザーから，指名された機関への情報提出のための書式を確立することを含めて，第1項に言及された情報の調和が可能かどうか評価するためのレビューを実施しなければならない．このレビューに基づいて，及び欧州毒物センター・臨床毒性学者協会（EAPCCT）のような関連する利害関係者との協議に続いて，欧州委員会は本規則に附属書を追加する規則を採択してもよい．

欧州委員会は，本件に関し複数の調査[4] を実施しており，その中の一つである“規則（EC）No 1272/2008（CLP規則）の第45条(4)に従った，ポイズンセンターに提出される情報の調和に関する調査[5]”では，図3.1に示すように，PCNの情報や届出方法が定義されていないために，各加盟国がそれぞれ届出要件（成分情報，組成情報など），届出形式，届出ツールや手順を設定して事業者に情報提出を求めている状況で，EU全体で事業を展開する際に，各国ごとに異なる要件を把握・管理し届出対応しなければならず，産業界に大きな負担がかかっていることが明らかになった．

そこで欧州委員会は，2017年3月にEU全体でのPCNの調和に関する事項を規定した附属書VIIIをCLPに追加する改正を行った．

・SDS より詳細な情報
・使用された別注のツールを使用
・強制提出
・正確な組成が必要

・SDS 情報のみ
・別注のツールは使用しない
・自主的に提出
・濃度範囲

France	Belgium	Austria	Croatia
Germany	Cyprus	Bulgaria	Denmark
Norway* (observer)	Greece	Czech Republic	Estonia
Portugal	Italy	Finland	Ireland
~~Spain~~	Lithuania	Latvia	Romania
	Spain	Hungary	Slovenia
		Poland	United Kingdom
		Slovakia	
		Sweden	

図 3.1　ポイズンセンター届出に関連する各加盟国間での差違[5)]

3.2　PCN の調和に関する新規則の概要

欧州委員会による CLP に附属書 VIII を追加する改正は，2017 年 3 月 23 日に“緊急健康対応に関する調和された情報に関する附属書を追加することにより CLP を修正する 2017 年 3 月 22 日付委員会規則（EU）2017/542[6)]”を官報公示することによって行われた．この委員会規則の主要な目的は，PCN に関して提出情報の要件を調和し，調和された新提出書式を導入することにより，有害な混合物製品の生産者及び輸入者に対して，全加盟国での情報要件を統一することである．そのことによってすべての EU 加盟国の緊急時対応者が利用できる医療情報の同一化が図られ，さらにすべての EU 加盟国間での化学製品による事故統計の比較可能性が確保されるようになる．

しかし委員会規則（EU）2017/542 の規定内容には，実行可能性（Workability）に不備があるとして，規制内容や適用日を一部修正する委員会委任規則（EU）2020/11[7)] が 2020 年 1 月 10 日に官報公示された．

一部修正が図られた委員会委任規則ではあったが，この規則のままでは，塗料業界での販売時点で個々の消費者あるいは業務用使用者の要望を受けて限定された量で配合し着色又は混色する“特注塗料（bespoke paints)”や同じ成分の混合物ながら異なる供給者から購入するために成分の予測できない変化によって正確な混合物組成が不明となる恐れがある“互換性成分グループ（Interchangeable Components Group：ICG)”では，UFIの作成などの作業性に問題があるとされ，さらに規則が改正された．その詳細は，3.5［PCNに関連した実行可能性（Workability）の改善に向けた法対応］に記述することにする．これらの規則で規定された附属書VIIIの構成を表3.1に示す．

ここでは，PCNの枠組みを理解するために，パートAの1～4で規定された各事項をみていくことにしたい．

表3.1 附属書VIIIの構成

附属書VIII　緊急時の健康対応と予防措置に関する調和された情報	
パートA	一般的要件
1.	適用
2.	目的，定義及び範囲
3.	提出での要求事項
4.	グループ提出
5.	Unique Formula Identifier（UFI）
6.	情報提出のための書式及び技術的支援
パートB	提出に含まれる情報
1.	混合物及び提出者の特定
2.	危険・有害性の特定及び追加情報
3.	混合物の成分に関する情報
4.	提出の更新
パートC	提出の書式
パートD	標準処方（Standard formulas）

（A-1）適用

規則そのものの適用日は，表3.2に示すように，2020年1月1日で，委員会委任規則（EU）2020/11によっても変更されなかった．混合物製品の使用先（消費者用，業務使用，工場使用）に応じて，遵守開始日が異なって設定されている．

表 3.2　PCN の調和に関する新規則の適用日及び遵守開始日

項目＼規則		委員会規則（EU）2017/542	委員会委任規則（EU）2020/11
規則そのものの適用日		2020年1月1日	同左
遵守開始日	消費者用	~~2020年1月1日~~	2021年1月1日
	業務使用	2021年1月1日	同左
	工場使用のみ	2024年1月1日	同左
既存届出の移行期間		2025年1月1日	同左

“業務使用”及び“工場使用”の意味は，**1.11**（CLP における自社の立場）にて説明しており，参照いただきたい．複数の使用先で使用される製品には，最も早い遵守開始日が適用される．

強調しておきたい点は，第45条に規定された PCN は CLP 制定時より定められており，その時点から事業者には各加盟国の指名機関に対して求められる情報を届出する義務が課せられているのであり，この PCN の調和に関する新規則によって新たに届出義務が生じた訳ではないということである．そのためすでに届出された情報については，新規則に基づく届出へ変更するために 2025年1月1日までの移行期間が設定されている．

（A-2）目的，定義及び範囲

この規則の対象者は，混合物を上市する輸入者及び川下ユーザーである．しかし，“輸入者及び川下ユーザー”のみでは十分に解釈されないと考えられたため，ECHA は 2020年2月12日に開催したウェビナー“Poison centre notifications 2020 – where are we now[8]”でその詳細を説明している．その内容を表 3.3 に示す．

表 3.3　ポイズンセンター届出の対象者の範囲

対象者					対象外
輸入者	川下ユーザー（生産者）				物流業者（再表示者含む）
	調合者	受託調合者	再充填者	再包装者	
各対象者が責任を保有しつつ，第三者の提出も可能 ←					ただし，上市すれば対象

混合物の輸入者及び川下ユーザーである調合者は，当然，届出の対象者であるが，受託して調合を行う事業者や再充填者及び再包装者も川下ユーザーに該当し，届出の対象者と示されている．表示を変更するのみの再表示者を含めて物流業者は，対象外であるが，取り扱う製品を上市すれば，対象者となる．

ECHAのポイズンセンター届出を支援するためのウェブサイト“Support”の中の“Questions and Answers[9]”にある“Legal submitters & foreign users”では，混合物をEUに輸入する場合に，輸入者がポイズンセンターへの情報提出の義務を負いながらも，提出作業を代行する外部使用者（foreign user）を任命することができると解説している．この制度は輸入者の届出業務を支援することが目的であり，外部使用者は第三者（third party）の立場で，EU域内外を問わず任命でき，例えば，EU域内のコンサルタント会社であったり，EU域内に設立された会社のEU域外の親会社である場合などが想定されている．外部使用者の具体的な任命方法は，ECHA発行のガイダンス“Poison centre notifications PCN：a practical guide[10]”を参照願いたい．

一方，混合物の成分がEU域外事業者の営業秘密情報である場合のPCNの対応方法がECHA発行のガイダンス“Guidance on harmonised information relating to emergency health response – Annex VIII to CLP[11]”に例示されている（図3.2）．

EU域外の混合物の供給者は，CLPでの義務を負わず，しがたってECHA提出ポータルで自分のアカウントを使用して届出自体を作成し提出することは認められていない．混合物の成分がEU域外供給者の営業秘密情報で，輸入者には開示できない場合に，3.3.2［UFI（Unique Formula Identifier）］で詳述

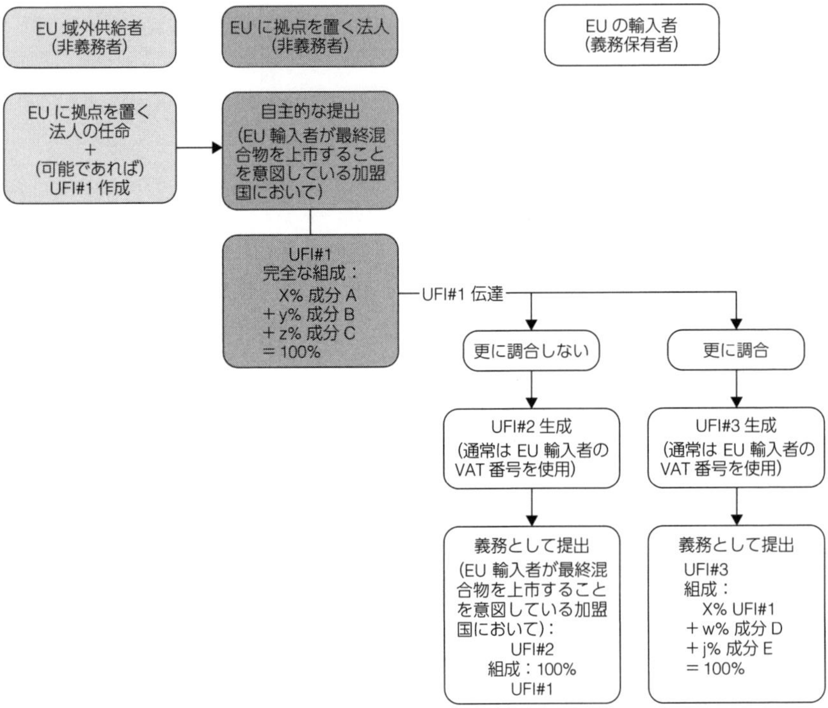

図 3.2　EU 域外事業者の企業秘密情報を保護する形での PCN 情報の提出フロー[11]

する UFI を活用して，EU 域外供給者は営業秘密情報を保持しつつ，輸入者は PCN の義務を果たすというものである．

まず EU 域外供給者が，EU に拠点を置く法人をもち（又は EU に拠点を置く法人と契約上の合意をして），UFI（#1）を作成し，EU に拠点を置く法人が，EU の実際の輸入者が混合物を上市する予定の加盟国に PCN を自主的（voluntary）に提出する．この自主的な届出では，混合物の完全な組成が，指名機関に開示されなければならない．EU 域外事業者は，顧客である EU の輸入者に対して，自主的な届出時に作成した UFI（#1）を伝達する．このことにより，EU の輸入者は EU 域外事業者によって自主的な届出が行われたことを確認できる．

EUの輸入者は，実際の義務保有者として，混合物の構成成分情報には提供されたUFI（#1）を参照しつつ，独自のUFI（#2）を作成しPCNを提出する．

EUの輸入者は，いかなる場合でも義務保有者であり，したがって執行当局に対して責任を果たしていることを立証できるようにしておくことが望ましく，EUの輸入者とEU域外の供給者は，選択したPCNの提出手法の詳細をカバーする契約を結んでおくことが強く推奨されている．その際，EUの輸入者の義務である当該混合物のラベルへのUFI［図3.2ではUFI（#2)］表記を，EU域外の供給者に，EUの輸入者に製品を供給する前に実施してもらうように依頼することもできる．

次に対象となる混合物については，第45条に示されているとおり，健康有害性又は物理化学的危険性を有する混合物である．環境有害性のみに分類される混合物は適用対象外となる．殺生物性製品は殺生物性製品規則(EU) No 528/2012[12] の第73条により，洗剤及び洗浄剤製品は洗剤に関する規則（EC）No 648/2004[13] に基づいて対象に位置付けられる．

附属書VIIIでは，次の①又は②の物理的危険性の一つ以上にのみ分類される混合物は適用対象外としている．

①高圧ガス

②爆発物（不安定爆発物及び区分1.1～区分1.6）

さらに科学的研究開発（SR&D）のための，及び製品・プロセス指向研究開発(PPORD)のための混合物も適用対象外である．しかしSR&D又はPPORD用の混合物であってもEUへの輸入は，1.9（CLPの対象物質と適用対象外物質）に記述しているように，“上市”とみなされ，適用対象外とはならない．

混合物の使用が，工場使用のみの場合及びPCNの対象ではない消費者用又は業務用を意図する別の混合物に配合される混合物である“届出対象ではない最終使用に含まれる混合物”の場合には，“緊急連絡先を含む，SDS（UFI情報を含む）に記載されている情報”に限定した情報の提出も可能となっている．

“届出対象ではない最終使用での混合物”については，3.5［PCNに関連した実行可能性（Workability）の改善に向けた法対応］において，再度，説明する.

（A-3）提出での要求事項

PCNは混合物を上市する前に行わなければならず，その混合物が上市される加盟国又は複数の加盟国において指名された機関へ，パートB（3.4参照）で規定された情報を含め，ヒトの健康又は物理的影響に基づいて有害性と分類される混合物に関する情報を当該加盟国の公用語で提出しなければならない.

その際，混合物の意図された使用は，ECHAによって提供される，調和された製品カテゴリーシステムに従って記述する．これら情報の提出は，ECHAが無償で提供するXML書式の電子的手段を使用して行う.

各加盟国の指名機関が，上述の提出を受理した後，任務を遂行するために追加情報又は明確化が必要であると判断すれば，その旨の理由を附した要請をその提出者に対して行う場合があり，その提出者は要求された情報の提供あるいは明確化を遅滞なく実施しなければならない.

パートBのセクション4（提出の更新）で規定する事項に合致すれば，遅滞なく提出情報の更新を行わなければならない.

（A-4）グループ提出

複数の混合物が，次のすべての条件を満足する場合，それらの混合物を一回の届出でカバーする“グループ提出”と称する提出方法も準備されている.

・同一の分類
・同一の製品カテゴリー
・同一の成分からなる（すべての混合物で濃度範囲が同じ）

グループ内の異なる混合物間の組成の違いが香水（perfumes）のみに関係する場合は，各混合物に含まれる異なる香水の総濃度が5%を超えなければ，グループ提出が認められている.

3.3　新たに導入された仕組み及びツール

CLP に附属書 VIII を追加する改正，すなわち PCN に関する提出情報要件の調和を実効あるものとするために，図 3.3 に示すように，ECHA が新たに“ポイズンセンター届出ポータル”を構築し，事業者は ECHA のポイズンセンター届出ポータルを使用して，混合物を上市する加盟国へ PCN を提出する仕組みが新設された．

図 3.3　新たな PCN の提出ルート
［出典：ECHA 開催ウェビナー 2017 年 10 月 3 日 Notifying hazardous mixtures to poison centres：what you need to know[14)]］

この仕組みの新設に合わせて，いくつかの新しい仕組み及びツールが導入された（図 3.4）．これらについて記述していきたい．

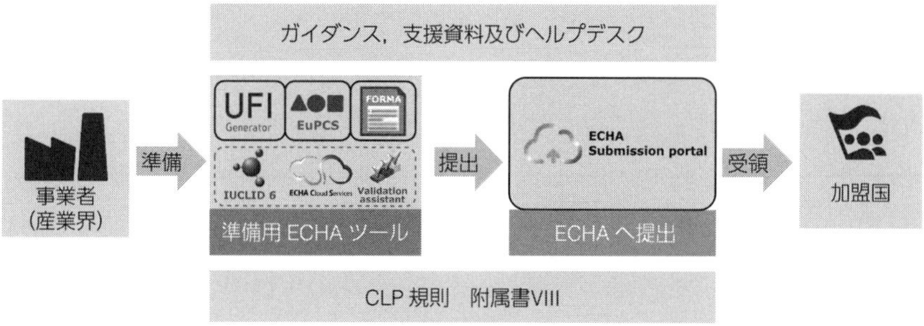

図 3.4　PCN のために新たに導入された仕組み及びツール
［出典：Safer Chemicals – ECHA Conference 2019 How to notify hazardous mixtures to poison centres[15)]］

3.3.1　ECHA提出ポータル（ECHA Submission portal）

ECHA提出ポータル[10)]は，ECHAが開発したPCNを一元管理するための安全なオンラインポータルであり，事業者（産業界）及び加盟国の指定機関が使用できる．

事業者は，このポータルを使用して，PCN用のドシエを準備，作成し，加盟国の指名機関に安全に送信するとともに，その届出を追跡できる．各加盟国に提出するため，多言語をサポートしており，作成したドシエは検証できるようになっており，提出時には自動的に検証機能が働くようになっている．

一方，加盟国の指名機関，あるいはポイズンセンターでは，届出情報をこのポータルによって利用する，いわゆるディスパッチング（適切な納期及び能力管理）システムとして活用できる．ECHAが提供するガイダンス“Overview of Member States decisions in relation to implementation of Annex VIII to CLP Regulation (Poison Centre Notification)[10)]”では，どの加盟国がECHA提出ポータルのみを使用するのか，あるいはECHA提出ポータルに加えて自国の提出システムも使用できるのか，示されているので，該当する事業者は確認いただきたい．

3.3.2　UFI（Unique Formula Identifier）

UFI[16)]は，CLPに附属書VIIIを追加する改正で新たに導入された混合物を識別するための固有の英数字コードである．定型化されたコードで，図3.5に示すようにハイフンで四つのブロックにわかれた16文字の英字（大文字）と数字からなる．数字と区別がつきにくい曖昧な文字である“O”，“I”，“L”，“B”及び“Z”は使用されていない．また，チェックサム（誤り検出符号）機能を有している．

VDU1-414F-1003-1862

図3.5　UFIの例

UFI は，上市される混合物製品の組成とポイズンセンターに届出された特定の混合物に関する情報とを一義的に結び付けるもので，混合物製品による事故などの緊急事態が発生した際に，ポイズンセンターは適切な救急医療情報を提供するためにこの UFI によって必要な情報を即座にみつけ出すことができる．

UFI は，ECHA が提供する電子的手段“UFI ジェネレーター[16]”によって無償で作成できる．ECHA のプレゼン資料“Creating and using the UFI[16]”には，UFI の作成方法が数種類あることを説明しているが，その中の単一での UFI の作成方法を図 3.6 に示す．

UFI は，EU 内の各事業者に付与される VAT 番号（付加価値税登録番号）と事業者が各混合物に設定する社内コード番号（formulation number）を入力することによって作成できる．UFI ジェネレーターは，アルゴリズムにより毎回新しい UFI を生成するように設計されている．UFI ジェネレーターの詳細な操作法については，ECHA のガイド“UFI Generator application User Guide[16]”を参照願いたい．

事業者は，上市する混合物製品に対して UFI を生成し管理する責任があり，

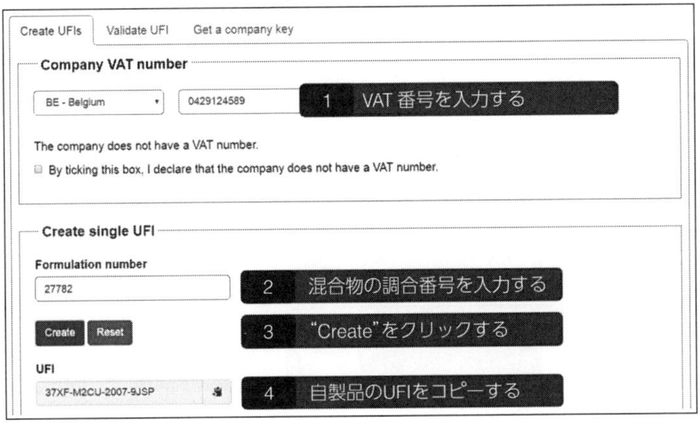

図 3.6　単一 UFI の作成方法[16]

各混合物に対して設定する社内コード番号（formulation number）を管理する必要がある．社内コード番号をどのように設定するか，各社にとって明快で管理しやすい方法をルール化しておくことが望ましい．その管理方法の例をECHAが示しており，3.8（UFIの管理方法）で紹介する．

UFIは，PCN情報の一つであるとともに，危険・有害性を有する混合物製品のラベル上，又は内装上に他のラベル要素と近接して印刷又は貼付しなければならず，附属書VIIIのパート5（図3.7）に従って，大文字“UFI：”で書き出し，はっきりと見え判読できて消えないように表示しなければならない．

包装されない混合物製品の場合には，UFIは，(e) SDS中に記載するか，又は該当する場合にはラベル要素の写しの中に記載しなければならない．

ただし，工場使用のための混合物製品であれば，包装されていても，UFIはラベルに表記するのではなく，(e) SDSへの記載でよいとされている．

一方，REACHの附属書II（安全データシートの編集に対する要件）では，UFIを有する混合物の (e) SDSのセクション1.1（製品の特定名）にはUFIを記載することが求められている．

図 3.7　ラベル上でのUFIの表示例

［出典：Where on the label is the UFI found?[17)]］

3.3.3 EU 製品カテゴリーシステム（EuPCS）

PCN では，3.2（A-3）(提出での要求事項）で記述しているように，混合物の意図された使用は，ECHA によって提供される調和された EuPCS（European Product Categorisation System：EU 製品カテゴリーシステム[18]）に従って記述されなければならない．ECHA が発行するガイド“The European product categorisation system：A practical guide[18]”によれば，EuPCS は，図 3.8 に示すような最大 5 階層からなる構造を有し，およそ 250 の製品カテゴリをカバーする分類コードである．

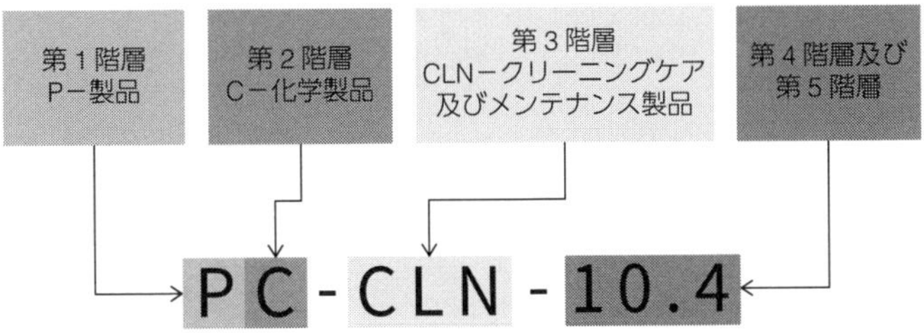

図 3.8　EuPCS 分類コードの構造と各階層の意味[18]

EuPCS 分類コードは英数字で構成され，第 1 階層～第 3 階層までの意味をより詳しく図 3.9 を用いて説明する．

第 1 階層は，“P－最終使用製品”又は“F－さらに調合に使用される混合物”のいずれかであり，“F”の場合は第 1 階層のみでそれ以降の階層は与えられていない．

第 2 階層は，最終使用製品が“C－化学製品”か“P－植物保護製品（農薬）又は殺生物性製品”に分岐する．

第 3 階層では，洗浄用製品では“PC-CLN”，接着剤製品では“PC-ADH”，塗料では“PC-PNT”のように，製品グループの省略文字に基づいて製品又は製品グループの使用をより簡単に識別できるようなコードが与えられている．

第 4 階層及び第 5 階層は，第 3 階層の使用をさらに細かく区分するための階層である．例えば，“洗浄用，ケア，メンテナンス製品(殺生物性製品を除く)”

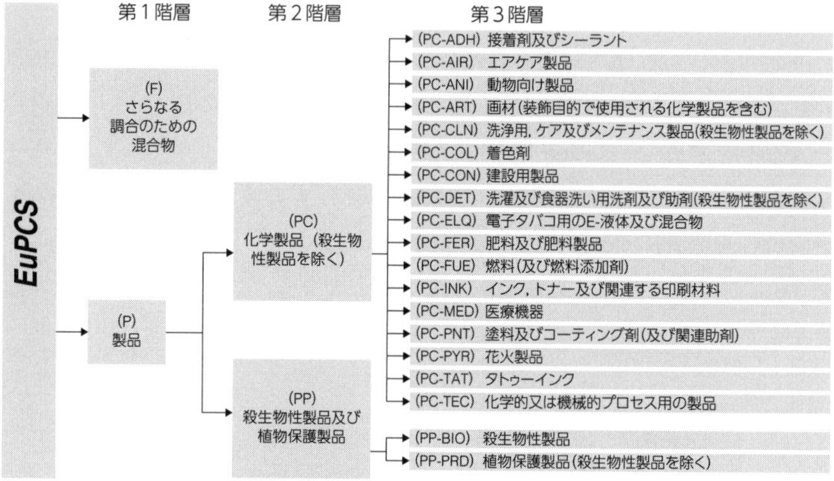

図 3.9　EuPCS 分類コードの第 1 階層～第 3 階層の意味[18)]

は“PC-CLN”で，“キッチン及び関連する洗浄剤（殺生物性製品を除く）”が“PC-CLN10”，さらに“キッチン用洗浄剤”が“PC-CLN10.1”のように設定されている．

EuPCS 分類コードの全体は，ECHA より表形式の“EuPCS[18)]”として提示されており，事業者はその中から最適な製品コードを選択することになる．一つの混合物製品が複数の用途で使用される場合には，最も主要な使用を選択することが求められている．ECHA の EuPCS に関するガイド[18)] に従って，最適な製品コードを選択していただきたい．

3.3.4　PCN 書式

PCN 書式[19)] は，第 45 条及び附属書 VIII に基づく PCN に必要な情報を構造的に記述するもので，REACH の登録文書作成にも使用する IUCLID[20)] と互換性のある，XML ベースの形式となっている．

PCN 書式は，ECHA のウェブサイト“Poison Centre Notification format[19)]”より無償で入手できる．また PCN 書式は，IUCLID リリーススケジュールに沿って毎年更新されるため，その更新内容を把握するように努めるとともに，最新版に更新していくことが求められる．

PCN書式への届出データの入力手段として，ECHAは図3.10に示すように三つの方式を準備している．

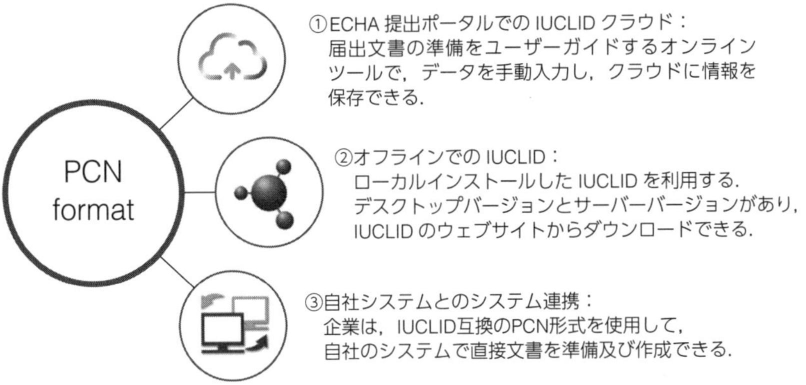

図3.10　PCN書式へのデータの入力手段と特徴[19)]

新たにECHAが提出ポータル上に開発したIUCLIDクラウド，オフラインでのIUCLIDの使用並びに関連する自社システムとのシステム連携である．それぞれ特徴を有しており，各事業者は，対象となる製品数及びその構成成分数，IUCLIDのこれまでの使用状況，社内における関連するデータのITツールでの管理状況などを勘案して，自社にとって最適な方式を選択することになる．

3.4　PCNにおける提出情報の詳細

PCNで提出が求められる情報は，附属書VIIIのパートB（提出に含まれる情報）に示されている．それらを整理して，表3.4に示す．

大きくは，混合物及び提出者の特定に関する情報，危険・有害性の特定及び追加情報及び混合物の成分に関する情報の三つに区分される．

表 3.4　PCN での提出情報

No.	項目	概要	備考
1	混合物及び 提出者の特定	1.1. 混合物の製品識別子	UFI を含める
		1.2 提出者の詳細及び連絡窓口	当局では追加情報を求める場合あり
		1.3 追加の製品情報を迅速に入手するための名称，電話番号と e-mail アドレス	限定提出の場合
2	危険・有害性の特定及び追加情報	2.1 混合物の分類	
		2.2 ラベル要素	
		2.3 有害性情報	(e) SDS 11 章の情報
		2.4 追加情報	包装の情報（消費者用と業務用）
3	混合物の成分に関する情報	3.1 一般要求事項： 3.1.1 工業用混合物に対する要件	
		3.2 混合物の成分の特定： 3.2.1 物質 3.2.2 混合物中の混合物（MIM） 3.2.3 一般的な製品識別子	
		3.3 提出要件の対象となる混合物の成分	
		3.4 混合物の成分の濃度と濃度範囲： 3.4.1 緊急健康対応における主要な懸念の有害性成分と予防措置 3.4.2 その他の有害性成分と有害性に分類されない成分	
		3.5. 混合物の成分の分類	

［出典：Regulation (EC) No 1272/2008 of the European Parliament and of the Council, ANNEX VIII PartB[21]］

これらの PCN での提出情報は，附属書 VIII のパート C（提出の書式）において，より詳細が説明されている．それらを表 3.5 ～表 3.7 に示す．PCN での提出情報における注意事項を各区分ごとに記述していく．

3.4.1　混合物及び提出者の特定に関する情報

混合物の特定に関する情報は，2.3.1 (1) 製品識別子（第 18 条）において言及した“混合物の識別子”の（a）となる．製品の特定情報として，UFI が求められており，PCN 提出の前には UFI を確定しておく必要がある（表 3.5）．

混合物製品の使用が工場使用のみであれば，3.2（A-2）(目的，定義及び範囲）で紹介したように“限定した情報”の提出が可能であるが，その場合には，追加の製品情報を迅速に入手するための連絡先（名称，電話番号及び e-mail アドレス）を提出情報に含めなければならない．連絡先は，上市国の公用語で応接でき，電話番号は一日 24 時間，週に 7 日，利用可能なものでなければならない．したがって，“限定した情報”の提出を選択するかどうかは，慎重に検討することが望まれる．

表 3.5　混合物及び提出者の特定に関する情報の詳細

・製品識別子	
製品の完全な商品名 （グループ提出の場合，すべての製品の識別子を掲示しなければならない）	CLP に従った 製品特定名を記載
別名，同義語	
UFI	
その他の識別子（認可番号，会社での製品コード）	
・提出者の連絡先の詳細及び連絡窓口（contact point）	
名称	
完全な住所	
電話番号	
電子メールアドレス	
・追加の製品情報を迅速に入手するための連絡先の詳細（24 時間／7 日対応） 限定提出のみに必要	
名称	
会社の電話番号（1 日 24 時間／1 週間 7 日）	
電子メールアドレス	

［出典：Regulation (EC) No 1272/2008 of the European Parliament and of the Council, ANNEX VIII PartC 1.2[21)]］

3.4.2　危険・有害性の特定及び追加情報

危険・有害性の特定及び追加情報としては，本規則に従って決定された分類及び表示に関する情報の提出が求められる．加えて，SDSのセクション11に記載する毒物学的情報の提出も必要である．さらに，追加情報として，混合物製品の色，pH（適用可能であれば），物理状態，包装形態（種類及びサイズ），意図的使用（製品カテゴリー）及び使用の区分が求められる．

意図的使用(製品カテゴリー)は3.3.3[EU製品カテゴリーシステム(EuPCS)]を，使用の区分については表1.7［川下ユーザーの区分（工場使用者及び業務使用者）について］を，それぞれ参考にして，決定いただきたい（表3.6）．

表3.6　危険・有害性の特定及び追加情報の詳細

・混合物の分類及びラベル要素	
危険・有害性クラス及び区分	CLP分類及び表示情報
危険・有害性絵表示コード（附属書V）	
注意喚起語	
危険有害性情報コード（附属書III，補足危険有害性情報コードを含む）	
注意書きコード（附属書IV）	
・毒物学的情報	
混合物又はその成分の毒性の記述(規則No 1907/2006の附属書IIに従ったSDSのセクション11で要求されているように)	
・混合物に関する追加の情報	
色調	
供給される状態の混合物のpH（利用可能な場合），又は混合物が固体である場合は，所定の濃度の液体又は溶液のpH．水中の試験混合物の濃度を示さなければならない．	pHが利用できない場合は，理由を説明する必要がある．
物理的状態	
包装形態（種類及びサイズ）	
意図的使用（製品カテゴリー）	
使用の区分（消費者用，業務使用者用，工場使用者用）	

［出典：Regulation (EC) No 1272/2008 of the European Parliament and of the Council, ANNEX VIII PartC 1.3[21)]］

3.4.3　混合物の成分に関する情報

ここでは，混合物を構成する成分の特定に関する情報，その濃度あるいは濃度範囲及びそれら成分の危険・有害性の分類に関する情報が求められる（表3.7）.

表 3.7　混合物の成分に関する情報の詳細

・混合物の成分及び互換性成分グループに関する情報
成分の化学名／商品名
CAS 番号（該当する場合）
EC 番号（該当する場合）
UFI（該当する場合）
・互換性成分グループの名前（該当する場合）
・混合物成分の濃度及び濃度範囲
正確な濃度又は濃度範囲
・混合物成分の分類
危険・有害性分類（該当する場合）
追加の識別子（該当して，健康対応に関連する場合）
・パート B，セクション 3.1 の 5 番目の文章に従ったリスト（該当する場合）

［出典：Regulation (EC) No 1272/2008 of the European Parliament and of the Council, ANNEX VIII PartC 1.4[21)]］

（1）混合物の成分の特定に関する情報

混合物の成分の特定に関する情報は，2.3.1 (1) 製品識別子（第 18 条）において言及した“物質の識別子”に従うことが基本であるが，INCI 名（International Nomenclature of Cosmetic Ingredients：化粧品原料国際命名法），カラーインデックス名又はその他の国際的な化学名称は，その化学名称が周知のもので明確にその物質のアイデンティティを定義している場合には，使用することも可能である．代替化学名が 2.3.2［代替化学名の使用の申請（第 24 条）］に従って認められている物質については，その化学物質名も提供しなければならない．

混合物の成分が混合物ということもあり得る．図 3.11 に示すように，第 1

混合物が，上市されている第2混合物の成分として使用される場合，第1混合物は，第2混合物において“MIM（mixture in mixture：混合物中の混合物）”と呼称される．

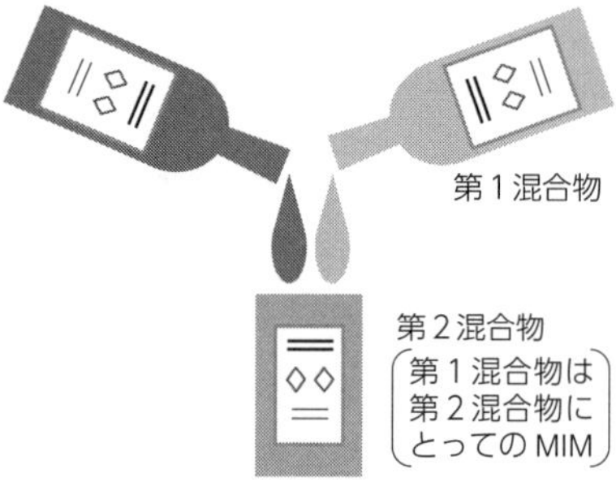

図3.11　混合物中の混合物

PCNにおいて，その成分にMIMが存在する場合，MIMの組成情報を有しているか及びMIMのUFI情報を有しているかどうかなどによってMIMの特定の仕方が，図3.12のとおり異なってくる．

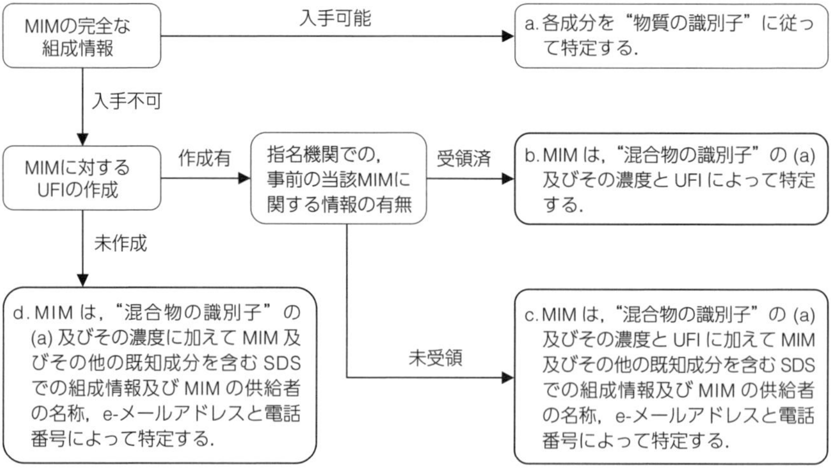

図3.12　MIMの特定の仕方

PCN 提出者が MIM の完全な構成に関する情報を入手できる場合には，2.3.1（1）に示した“物質の識別子”に従って各成分を特定する（図 3.12 の a.）.

PCN 提出者が MIM の完全な組成情報を入手できない場合は，状況に応じて次に示すいずれかの特定の仕方（図 3.12 の b. 及び c. 並びに d. に対応）を採用する.

b. MIM に対して UFI が作成されており，指名機関で事前の PCN 提出で MIM に関する情報を受け取っている場合は，MIM は，2.3.1（1）に示した“混合物の識別子”の a. 及びその濃度と UFI によって特定する.

c. MIM に対して UFI は作成されているが，指名機関が MIM に関する情報を受け取っていない場合，MIM は“混合物の識別子”の a. 及びその濃度と UFI に加えて，MIM 及びその他の既知成分を含む SDS での組成情報及び MIM の供給者の名称, e-メールアドレスと電話番号によって特定する.

d. MIM に対して UFI が作成されていない場合，MIM は，2.3.1（1）に示した“混合物の識別子”の a. 及びその濃度に加えて，MIM 及びその他の既知成分を含む SDS での組成情報及び MIM の供給者の名称，e-メールアドレスと電話番号によって特定する.

MIM については，その供給者と十分に協議し，特定の仕方を選択することになる.

一般的な成分識別子“香水（perfumes）”又は“着色剤（colouringagents）”が，次の二つの条件を満たす場合に，香水又は色調を追加するためだけに使用される混合物の成分に対して使用することができる.

・該当する混合物成分は，いかなる健康有害性に対しても分類されない.

・該当する混合物成分の濃度が，総量で次を超えない.

a) 香水では，総量に対して 5%

b) 着色剤では，総量に対して 20%

（2）混合物の成分の濃度あるいは濃度範囲

混合物の成分が，次に示す危険・有害性区分の少なくとも一つに対して分類される場合，それらは重大懸念を有する有害性成分として，混合物中の濃度は，質量又は体積により正確な百分率で表記されなければならない．

・急性毒性　区分1，区分2又は区分3

・特定標的臓器毒性－単回ばく露　区分1又は区分2

・特定標的臓器毒性－反復ばく露　区分1又は区分2

・皮膚腐食性　区分1，区分1A，区分1B又は区分1C

・眼に対する重篤な損傷性　区分1

これらの重大懸念を有する有害性成分の濃度の正確な百分率表記の代替として，百分率の範囲を表3.8の中央列に従って表記してもよいとされている．

表3.8　PCNにおける混合物成分の表記できる濃度範囲

<table>
<tr><th>濃度範囲（%）</th><th>重大懸念を有する有害性成分</th><th>その他の有害性成分及び分類されない成分</th></tr>
<tr><td>≧25－＜100</td><td>5%ユニット</td><td>20%ユニット</td></tr>
<tr><td>≧10－＜25</td><td>3%ユニット</td><td>10%ユニット</td></tr>
<tr><td>≧1－＜10</td><td>1%ユニット</td><td>3%ユニット</td></tr>
<tr><td>≧0.1－＜1</td><td>0.3%ユニット</td><td rowspan="2">1%ユニット</td></tr>
<tr><td>＞0－＜0.1</td><td>0.1%ユニット</td></tr>
</table>

［出典：Regulation (EC) No 1272/2008 of the European Parliament and of the Council, ANNEX VIII Table1，Table2（抜粋）[21)]］

上述の危険・有害性のいずれにも分類されない混合物中の有害性成分及び有害性として分類されていない成分の濃度は表3.8の右列に従って，百分率の範囲として表示することになっており，正確な百分率を提供してもよいとされている．

重大懸念を有する有害性成分，その他の危険・有害性成分及び有害性として分類されていない成分は，質量又は体積による降順で表記する．

(3) 混合物の成分の分類に関する情報

物理的危険性及び健康有害性に対する混合物成分の分類（危険・有害性クラス，危険・有害性区分及び危険有害性情報）を提供する．これは，少なくとも当該混合物の SDS において言及されるすべての物質に対する分類が含まれなければならない.

3.5　PCN に関連した実行可能性(Workability)の改善に向けた法対応

特定の混合物に関して，具体的には，混合物の生産に使用する原材料の組成の変動性が非常に高いあるいは組成が不明である場合，複数の異なる供給者より供給される毒物学的に非常に類似した成分を同じ生産ラインで一緒に使用して生産する場合，あるいは複雑なサプライチェーンが関係している場合には，混合物製品の正確な組成を知ることが難しく，PCN 情報要件の実行可能性に関して種々の業界から懸念が提起された.

特に塗料業界からは，非常に特殊な塗料の色合いに対する個々の消費者又は業務用使用者の需要を満たすために，販売時点でほぼ無制限の数の異なる組成の塗料を配合して供給する“特注塗料”について，正確な組成を事前に知ることは不可能であり，PCN 情報要件の実行可能性には大いに疑問があるとの懸念が表明された.

これらの懸念事項を解消するために，欧州委員会は 2020 年 11 月 13 日に二つの委員会委任規則(EU)2020/1676[22] 及び委員会委任規則(EU)2020/1677[23] を官報公布した.

それらの概要を表 3.9 に示す.

委員会委任規則（EU）2020/1676 では，PCN 提出を行わない場合の“特注塗料”に対して，ラベルの補足情報として特注塗料の成分である混合物の UFI 並びに含有量が 5％を超える混合物成分はその含有濃度を記載することを求めている.

一方，委員会委任規則（EU）2020/1677 では，“特注塗料”及び新たに“届出対象ではない最終使用での混合物”が定義されるとともに，特定業界（建設，塗料，石油 各業界）より提起された実行可能性問題及び業種横断的課題である“互換性成分グループ”への対応措置が規定された.

表 3.9 PCN関連での実行可能性の課題改善のための制定された委員会委任規則

名称	COMMISSION DELEGATED REGULATION (EU) 2020/1676 of 31 August 2020 amending Article 25 of Regulation (EC) No 1272/2008 of the European Parliament and of the Council on classification, labelling and packaging of substances and mixtures as regards bespoke paints	COMMISSION DELEGATED REGULATION (EU) 2020/1677 of 31 August 2020 amending Regulation (EC) No 1272/2008 of the European Parliament and of the Council on classification, labelling and packaging of substances and mixtures in order to improve the workability of information requirements related to emergency health response
概要	・PCN提出を行わない“特注塗料”のラベルにおける補足情報（第25条）の記載事項を以下の通り規定 ・特注塗料で，附属書VIIIに従ったPCN提出がなされておらず，対応するUFIが作成されていない場合，特注塗料に0.1%を超える濃度で含まれる，それ自体がPCNの対象となるすべての混合物のUFIを，附属書VIIIのパートA（5）に従って，特注塗料中の混合物の濃度の降順で，特注塗料のラベルの補足情報の箇所に記載する． ・前文に該当する場合で，特注塗料中のUFIを持つ混合物の濃度が5%を超える場合，その混合物の濃度を，附属書VIIIのパートB（3.4）に従って，特注塗料のラベルの補足情報の箇所のUFIの横に記載する．	・“特注塗料”を定義：着色又は混色により，販売時点で個々の消費者又は業務用使用者向けにオーダーメードに基づいて数量限定で調合される塗料 ・「届出対象ではない最終使用での混合物」を定義：第45条の情報要件の対象ではない消費者用又は業務用を意図する別の混合物に配合される混合物 ・特定業界（建設，塗料，石油 各業界）より提起された実行可能性問題への対応措置を明示 ・業種横断的課題として，Interchangeable Components Group（互換性成分グループ＝成分の予測できない変化により正確な混合物組成が不明なもの）への対応措置を明示
公布日	2020年11月13日	2020年11月13日
施行日	2022年11月14日	2022年11月14日

ECHA は，2020 年 11 月 4 に開催したウェビナー“Poison centres：closing in on the first compliance date[24)]”でその改正内容を解説している．

その解説内容も踏まえて，委員会委任規則（EU）2020/1677 で規定された特定業界（建設，塗料，石油などの各業界）より提起された実行可能性問題及び業種横断的課題である“互換性成分グループ”への対応措置の概要を表 3.10 に示す．

表 3.10　委員会委任規則（EU）2020/1677 で規定された措置の概要

<table>
<tr><th>業界</th><th colspan="2">主要な課題及び対象製品</th><th>対応措置</th></tr>
<tr><td>建設業界</td><td rowspan="2">原材料組成の変動性が大きい．
↓
そのため，正確な組成が不明である，又は濃度が許容範囲から外れる．</td><td>セメント，石膏バインダー，生コンクリート</td><td>・各製品に対して，特定の“標準処方（Standard formulas：成分とその濃度範囲）”をパート D に指定する．
・PCN 提出で“標準処方”にフラグすると，標準情報要件から逸脱し，混合物成分の特定情報及び濃度をパート D に指定されたものとしてもよい．</td></tr>
<tr><td>石油業界</td><td>燃料</td><td>・燃料リストをパート B の表 3 に掲載する．
・PCN 提出で標準処方にフラグし，“燃料名”を選択すると，SDS 中の混合物成分の特定名と濃度を提出してもよい．</td></tr>
<tr><td>塗料業界</td><td>個々の業務用／消費者用塗料を販売する前に，小売業者による多数の PCN 届出と UFI の作成が必要となる．</td><td>特注塗料</td><td>・最終的な販売時点での特注塗料の PCN 提出と UFI の作成は不要とする．
・委員会委任規則（EU）2020/1676 で規定されたラベルへの表示が必要</td></tr>
<tr><td>業種横断</td><td>成分の予測できない変化で正確な混合物組成が不明である．
a.“同じ”成分で，異なる供給者から供給される．
b. 化学的に異なる成分ながら，毒物学的に同じである．</td><td>互換性成分グループ（ICG）</td><td>・PCN 提出で，“ICG”にフラグすると，組成に関する標準情報要件が免除される．

⇒その結果，“同じ”混合物の複数の届出が削減された．</td></tr>
</table>

建設業界に関連して，セメント，石膏バインダー及び生コンクリートについては，各製品に対して，特定の“標準処方（Standard formulas：成分とその濃度範囲)”がパートDに指定され，PCNで“標準処方”にフラグすると標準情報要件からの逸脱が認められ，混合物成分の特定情報及び濃度をパートDに指定されたものとしてもよいことになった.

石油業界対応としては，各種燃料のリストがパートBの表3に掲載され，PCNで標準処方にフラグし，“燃料名”を選択すると，SDS中に記載している混合物成分の特定名と濃度を提出してもよいことにされた.

塗料業界対応としては，特注塗料のPCN提出とUFIの作成は不要とすることが認められた．業種横断的課題である互換性成分グループ（ICG）への対応として，PCN提出で，“ICG”にフラグすると，組成に関する標準情報要件が免除され，その結果，“同じ”混合物の複数の届出が削減されることになった.

“届出対象ではない最終使用での混合物”については，「第45条の情報要件の対象ではない消費者用又は業務用を意図する別の混合物に配合される混合物である.」と定義され，緊急時に要求に応じて組成に関する追加情報が迅速に利用できる場合に限り，「緊急連絡先を含む，SDS（UFI情報を含む）に記載されている情報」に限定した情報を提出してもよいことが改めて示された.

これらに該当する製品を取り扱う事業者は，この緩和措置の活用を検討いただきたい.

3.6 PCN情報の提出作業手順

ECHA提出ポータル（3.3.1参照）からPCN情報の提出作業を開始するためには，ECHAのウェブサイト“Prepare & submit poison centre notifications（PCN）[10]”にアクセスし，PCN情報提出のログイン画面（図3.13）にて“ECHAアカウント”を作成する必要がある．3.2（A-2）で紹介した外部使用者も“ECHAアカウント”を作成することができる.

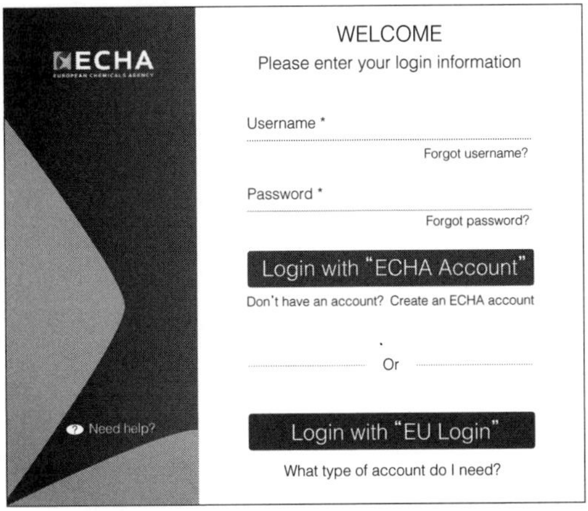

図 3.13　PCN 情報提出のログイン画面[10]

作成した ECHA アカウントを使用して，ECHA 提出ポータルにログインし届出書をアップロードする．PCN 情報提出作業は，"The IUCLID Dashboard for dossier preparation"（図 3.14）から開始する．

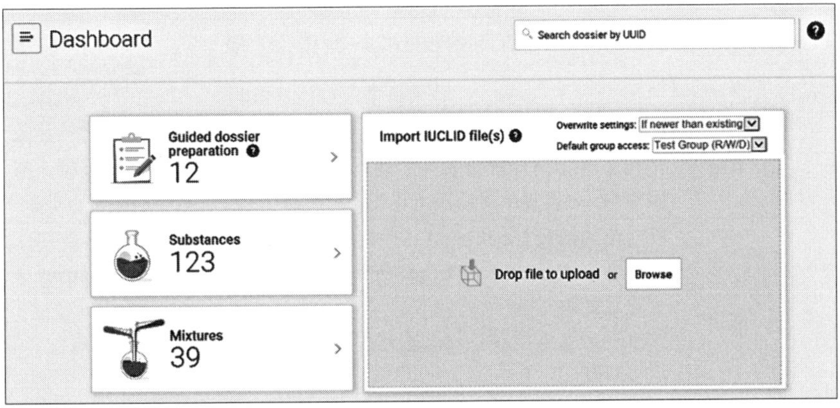

図 3.14　PCN に関する The IUCLID Dashboard for dossier preparation 画面
［出典：Safer Chemicals – ECHA Conference 2019 How to notify hazardous mixtures to poison centres[15]］

図3.14中の“Guided dossier preparation”に従って，作業を進めることになる．ECHAは，2019年5月に開催した会議“Safer Chemicals–ECHA Conference[15)]”において，“How to notify hazardous mixtures to poison centres（ポイズンセンターへの危険・有害な混合物の届出方法）”を説明し，その中でPCN情報提出までの作業手順として図3.15を提示している．

この作業手順における各段階での作業概要及び注意事項を表3.11に示す．

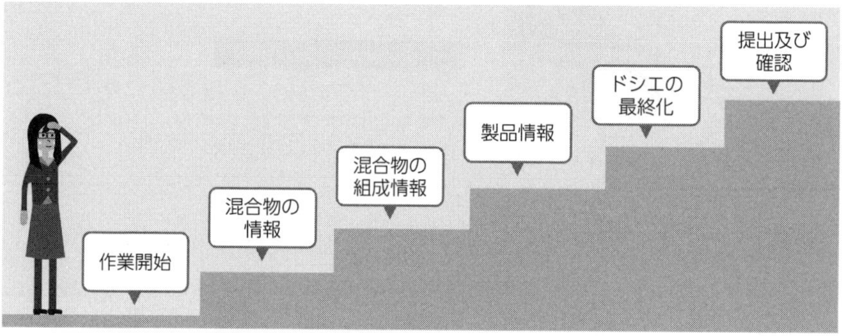

図3.15　PCN情報提出までの作業手順[15)]

表3.11　PCN情報提出までの作業手順

No.	段階	作業概要及び注意事項
1	作業開始	Guided dossier preparationに従って作業を進めるために，基本情報となる混合物の名称，対象国及び言語並びに提出の種類（初回提出，更新提出又は限定提出）を明確にして，それらを入力する．
2	混合物の情報	混合物の情報として，(1) 連絡担当者 (2) pH (3) 毒物学情報 (4) 混合物の成分 (5) UFI及びその他の特定子 (6) 分類と表示情報を入力していく． フリーテキスト欄には，関連するすべての言語で記載することが求められている．
3	混合物の組成情報	混合物成分（すなわち，MIMや物質）に関する情報を追加するための補足情報を入力する． MIMを含めて，すべての成分を記載する．

表 3.11　（続き）

No.	段階	作業概要及び注意事項
4	製品情報	製品情報として，商品名，EuPCS 及び色，状態や包装形態とサイズなどの追加情報を入力するとともに，以前に作成されたすべての UFI をリンク付ける．
5	ドシエの最終化	検証（validation）を行い，問題箇所が指摘されてくるので，必要な修正を行い，再度，検証する．ドシエが完成するとデスクトップにエクスポートし，IUCLID ファイルとして保存する． この時点でプレビュー報告書を確認できる．
6	提出及び確認	ポータルへの提出を完了させ，提出報告書で提出番号などの提出状況を確認する．

ECHA のウェブサイト Poison Centres の“e-Learning”では，この作業をビデオで説明しているので，それらを参考にして，PCN 情報提出作業を進めていただきたい．段階 5 において確認できるプレビュー報告書の例が，前述の Safer Chemicals–ECHA Conference[15)] において，“PCN preview report”として紹介されており，PCN 報告書がどのようなものかイメージできる．

この作業手順の中で，PCN 提出を成功に導くためには，段階 5 の検証が極めて重要である．ECHA が発行する文書“List of PCN validation rules[10)]”に掲載されている“Validation rules for poison centres notifications”には検証ルールがリスト化されており，検証作業において不備が検出された場合に，どのような警告がどの警告番号とともに発せられるか，掲載されている．検証作業において，不備が検出された場合の参考となる．

提出が完了すると，図 3.16 に示す提出報告書が発行されるので，提出番号並びに提出内容として記載されていることが意図したものであるか確認する．

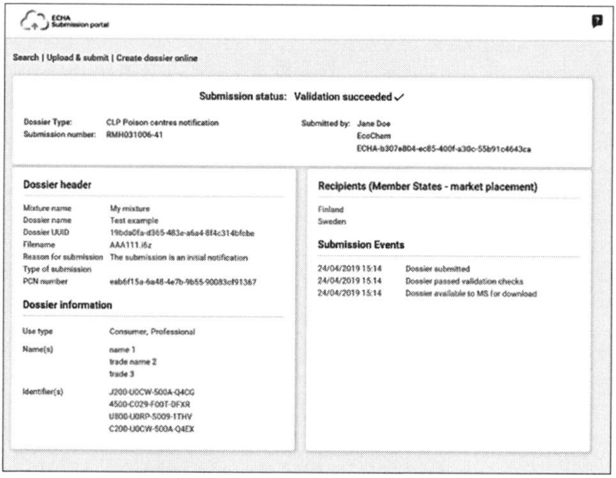

図 3.16　PCN 提出報告書の例

3.7　PCN 情報の更新

PCN 情報は，附属書 VIII のパート B の 4（提出の更新）に規定されているように，次のいずれかの状況が発生した場合に，変更された混合物製品が上市される前に，提出情報を更新しなければならない．

・混合物製品の識別子又は UFI が変更された場合
・健康有害性又は物理的危険性に対する混合物の分類が変更された場合
・SDS のセクション 11 で要求される関連する新たな毒物学的情報が，その混合物又はその成分の有害性に関して入手される場合
・混合物の組成の変化が次の条件の一つを満たす場合：
　① 附属書 VIII のパート B の 3.3（提出要件の対象となる混合物成分）に従って示されなければならない混合物中の一つ以上の成分の追加，置換又は削除
　② 元の提出で提供された濃度範囲を超える混合物中の成分の濃度変更
　③ 成分の正確な濃度が提供され，表 3.12 で特定された限界を超えてその濃度に変化が生じる場合

表3.12　届出の更新を必要とする成分の濃度変動

混合物に含まれる成分の 正確な濃度（%）	届出更新が必要な初期成分の 濃度変動（±）
＞25 － ≦100	5%
＞10 － ≦25	10%
＞2.5 － ≦10	20%
≦2.5	30%

［出典：Regulation (EC) No 1272/2008 of the European Parliament and of the Council, ANNEX VIII Table 4[21)]］

表3.12の見方であるが，例えば，混合物のある成分が30%である場合，この濃度は＞25 － ≦100の範囲にあるため，届出更新が必要な初期成分の濃度変動は（±）5%となり，30%×5%＝±1.5%，→28.5%～31.5%の範囲を超えて，この成分の濃度が変更されれば，届出の更新が必要となる．

ECHAのガイダンス“Guidance on harmonised information relating to emergency health response – Annex VIII to CLP[11)]”には，多くの届出更新が必要な事例が掲載されており，届出更新に関する不明点の解消に活用できる．

3.8　UFIの管理方法

特定の混合物製品に対して，それを上市する事業者は，UFIを生成し管理する責任がある．UFIには，ECHAが2018年に実施したウェビナー“Poison centres：using the UFI for your products and mixtures[25)]”において説明されているとおり，表3.13に示す二つの原則があり，UFIを管理する際には，この二つの原則に従わなければならない．

表3.13　UFI作成の原則

原則1	UFIは，一つ（そして一つだけ）の混合物組成に割り当てられる．
原則2	同じUFIが異なる組成の混合物に割り当てられてはならない．

［出典：Poison centres: using the UFI for your products and mixtures/Creating and using the UFI[25)]］

すべての混合物組成には，グループ提出を除いて，独自のUFIをもたせる必要があり，UFIは，UFIジェネレーター（組み込まれたアルゴリズム）により毎回新しく生成されるものであるから，各事業者は，特定のVAT番号の下，どのようなアプローチでUFIを管理するか考慮する必要がある．ECHAは，前述のウェビナー及びガイダンス“Guidance on harmonised information relating to emergency health response – Annex VIII to CLP[11]”で，次に示すUFIの管理アプローチを紹介している．

・混合物－中心（mixture-centric）アプローチ
・製品－中心（product-centric）アプローチ
・市場－指向（market-oriented）アプローチ
・言語/ラベル－指向（language/label-oriented）アプローチ
・その他（原則1及び原則2が尊重される限り）

これらの四つのUFI管理アプローチを次に概要する．

(1) 混合物-中心アプローチ

このUFI管理アプローチは，UFIを，製品ごとではなく，常に混合物の組成ごとに与えるというもので，同一の混合物を含むすべての製品は同じUFIをもつことになる（図3.17）．

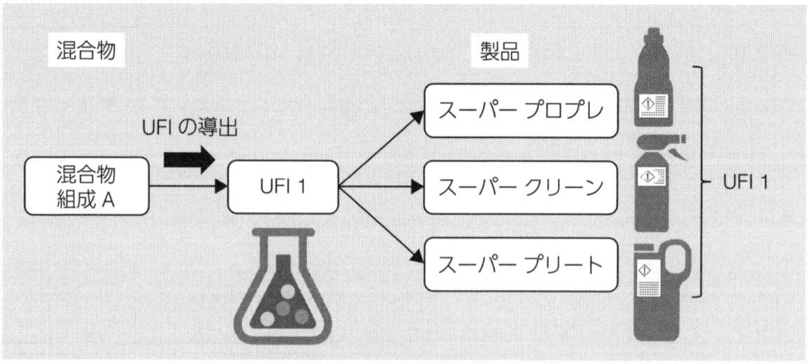

図3.17　混合物－中心アプローチ[11, 25]

このUFI管理アプローチは，類似の特性をもつグループ提出した混合物製品にも適用できる（図3.18）．グループ提出できるすべての混合物に同一のUFIを付与し，そのUFIをそれらのすべての製品に割り当てるというものである．

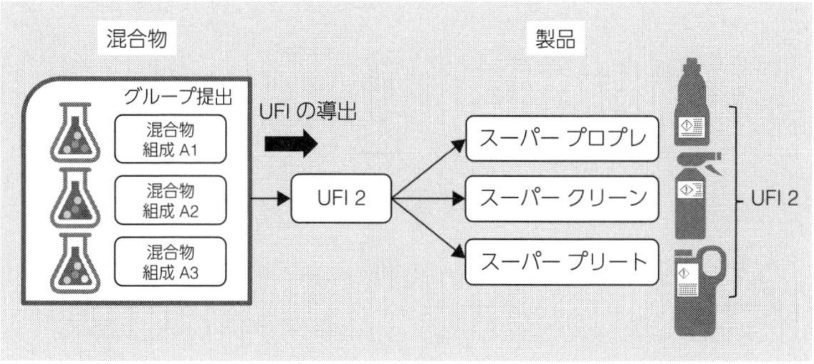

図 3.18　グループ提出する混合物製品に適用する混合物－中心アプローチ[11), 25)]

(2) 製品－中心アプローチ

このUFI管理アプローチは，他の製品に同じ組成の混合物がある場合でも，UFIは常に製品ごとに与えるというもので，同じ混合物の製品であっても，製品が異なれば，異なるUFIをもつことになる（図3.19）．

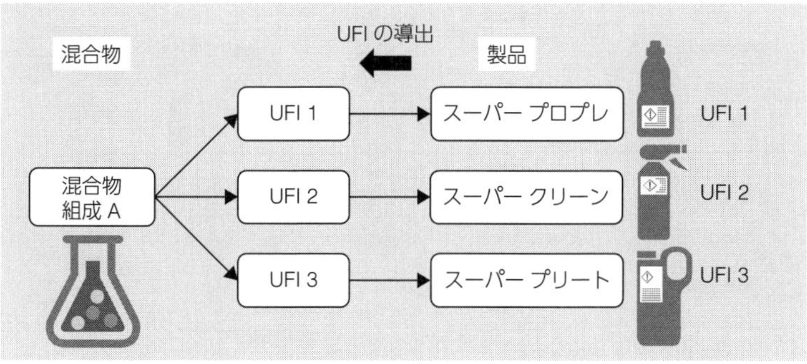

図 3.19　製品－中心アプローチ[11), 25)]

(3) 市場-指向アプローチ

このUFI管理アプローチは，混合物製品の市場である上市国ごとに常にUFIを与えるというもので，同じ混合物の複数の製品に対して，製品の上市国ごとに異なるUFIをもたせることになる（図 3.20）.

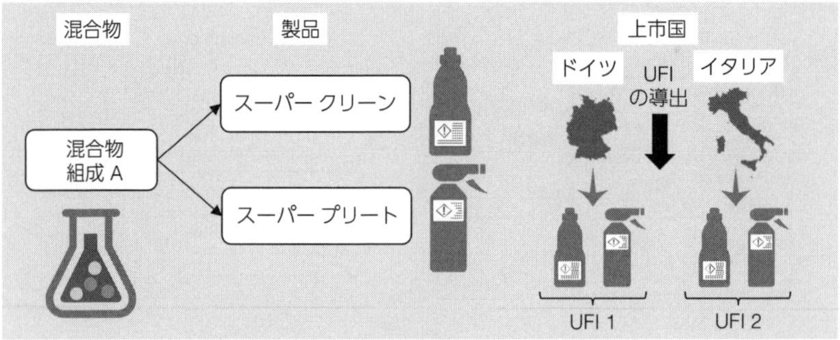

図 3.20　市場－指向アプローチ[11,25]

(4) 言語 / ラベル-指向アプローチ

このUFI管理アプローチは，UFIは常にラベルで使用される言語ごとに与えるというもので，同じ混合物の複数の製品に対して，製品の上市国をまたいで，ラベルで使用される言語ごとに異なるUFIをもたせることになる（図 3.21）.

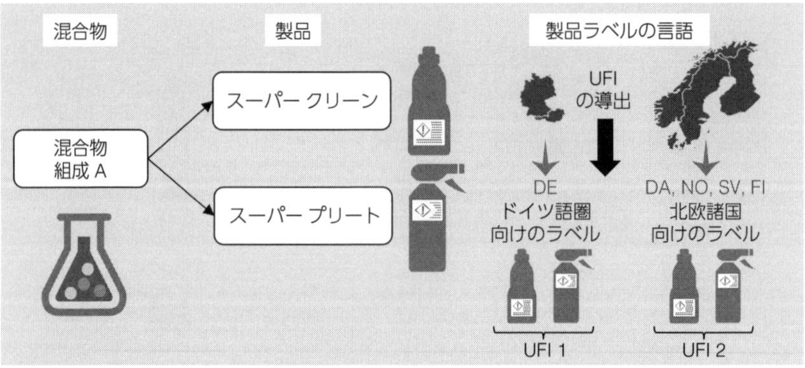

図 3.21　言語 / ラベル－指向アプローチ[11,25]

UFI の管理方法は，以上の四つのアプローチに限定されるものではなく，表 3.13 に示す原則 1 及び原則 2 が遵守されていれば，その他の方法でもよい．

事業者は，販売する混合物製品の数量，種類，混合物組成，上市する国などを考慮して，自社でわかりやすく，極力間違うことがないような最適な UFI 管理方法を設定していただきたい．

引用・参考資料

1) https://ec.europa.eu/growth/sectors/chemicals/poison-centres_en
2) https://poisoncentres.echa.europa.eu
3) https://poisoncentres.echa.europa.eu/appointed-bodies
4) https://ec.europa.eu/docsroom/documents?locale=en&keywords=classification
5) https://ec.europa.eu/docsroom/documents/14006/attachments/1/translations
6) https://eur-lex.europa.eu/eli/reg/2017/542/oj
7) https://eur-lex.europa.eu/eli/reg_del/2020/11/oj
8) https://echa.europa.eu/-/poison-centre-notifications-2020-where-are-we-now
9) https://poisoncentres.echa.europa.eu/questions-and-answers
10) https://poisoncentres.echa.europa.eu/prepare-and-submit-a-pcn
11) https://echa.europa.eu/guidance-documents/guidance-on-clp
12) https://echa.europa.eu/regulations/biocidal-products-regulation/legislation
13) https://eur-lex.europa.eu/eli/reg/2004/648/oj
14) https://echa.europa.eu/en/-/notifying-hazardous-mixtures-to-poison-centres-what-you-need-to-kn-1
15) https://echa.europa.eu/-/safer-chemicals-2019
16) https://poisoncentres.echa.europa.eu/ufi-generator
17) https://poisoncentres.echa.europa.eu/why-the-ufi-matters-for-everybody
18) https://poisoncentres.echa.europa.eu/eu-product-categorisation-system
19) https://poisoncentres.echa.europa.eu/poison-centres-notification-format
20) https://iuclid6.echa.europa.eu/en/home
21) https://echa.europa.eu/regulations/clp/legislation
22) https://eur-lex.europa.eu/eli/reg_del/2020/1676/oj
23) https://eur-lex.europa.eu/eli/reg_del/2020/1677/oj
24) https://echa.europa.eu/-/poison-centres-closing-in-on-the-first-compliance-date
25) https://echa.europa.eu/-/poison-centres-using-the-ufi-for-your-products-and-mixtures

第4章　事業者に望まれる対応

日本からEUに新たに化学製品を輸出する事業を開始する際に，CLP遵守のために事業者にはどのような対応が求められるか，これまでの経験をもとに記述していきたい．

EUにおける化学品管理において，REACHとCLPは，例えれば，車の両輪のように管理や規制の基盤を構成し推進していく法律である．今後，両法律はより統合的に運用されていく方向にあり，事業者もREACHとCLPは一体として対応していくのが効率的であり，効果的である．REACHの詳細については，拙著『＜化学品管理者必携＞欧州REACH規則　日本企業の対応実務－REACHの現状と今後の動向を踏まえて－』(日本規格協会発行，2022年)を参考にしていただければ幸いである．

特にCLPに着目すると，日本からEUに新たに化学製品を輸出する事業を開始する際に事業者に求められる準備及び実施事項として次があげられる．

4.1　REACH及びCLPなどの化学品規制対応のための（社内）体制の構築
4.2　CLPに関する知識の習得
4.3　自社製品の構成物質の把握及び該当する化学品規制の確認
4.4　自社製品の各成分物質に関するC&L情報の収集
4.5　CLPに従った，ラベル作成・表示及び包装
4.6　C&L情報のECHAへの届出
4.7　危険・有害な混合物についてのPCN提出
4.8　REACH登録，C&L届出及びPCN提出後の維持管理と査察対応

それでは，これらの項目について，少し詳しく述べていきたい．

4.1　REACH 及び CLP などの化学品規制対応のための(社内)体制の構築

ある製品を EU に輸出する事業の場合，その製品を所管する事業部が主体となるが，それだけではコンプライアンスは到底確保できない．まず REACH 及び CLP などの化学品規制を熟知する化学品管理部門が全面的に支援・指導する必要がある．しかし化学品規制のみで法律が遵守される訳ではなく，例えば，CLP で求める同じ物質の届出者間での C&L 情報の協議・共有に際しては独禁法に抵触してはならない．このように化学品に係る法令以外の規制にも対応が求められ，法務部門の支援も必要となる．サプライチェーン，特に川上企業からの情報を求める場合には購買部門が窓口となる．EU での C&L 届出などは，すべて REACH-IT などのシステムを通じて行われ，システム関連部門の支援も必要になる．また C&L 届出に必要な危険・有害性情報には正に GHS の知識が必要であり，調査関係部門などの支援も求められる．このように全社で化学品規制対応の体制を構築することが望まれ，図 4.1 は REACH

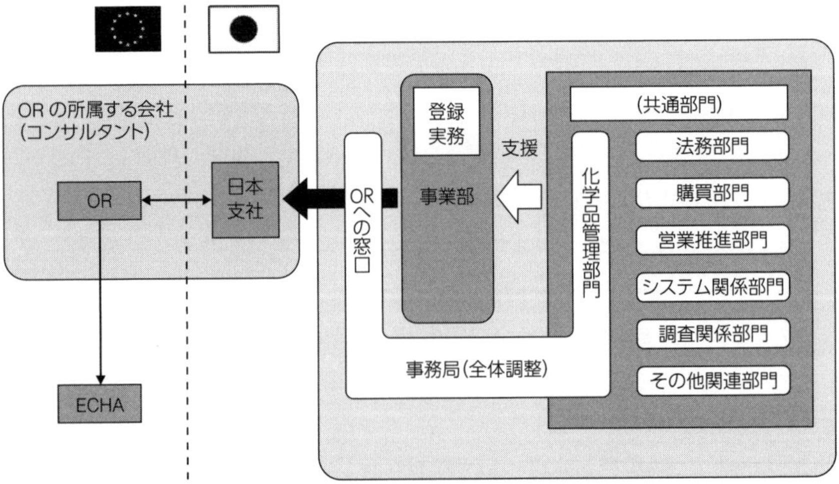

図 4.1　REACH 及び CLP 対応の社内体制参考図

対応の社内体制の参考図であるが，CLP 対応もこの体制の中で取り進めるのが機能的である．

4.2　CLP に関する知識の習得

EU に化学品を輸出するに際して，コンプライアンスを遵守するためには，EU における CLP をはじめとする化学品関連規制を理解しておく必要がある．

ECHA のウェブサイトでは，CLP 並びに PCN に関して，法律，ガイダンス，Q&A など多くの関連情報が公開されており，それらを十分に活用いただきたい．ただし，それらは EU 域内の公用語で記述されており，理解し難い場合もある．

一般社団法人日本化学物質安全・情報センター（JETOC）[1) からそれらの和訳資料が販売されているので，必要に応じて購入し，利用することも考えられる．化学物質国際対応ネットワーク[2) からは，CLP を含めて，EU における化学物質規制情報やこれまでに開催された関連するセミナーの資料が公開されている．株式会社化学工業日報社，一般財団法人日本規格協会あるいは一般社団法人日本化学品輸出入協会では，不定期ながら一年に一回程度，CLP を含む欧州化学品規制に関するセミナーを開催しているので，それを受講することにより，知識の習得を図ることもできる．それから REACH における OR の活用である．EU の法規制で疑問が生じた場合には，OR に確認することは疑問解消の重要な手段である．

コンプライアンス遵守という観点から，疑問を抱えた状態や規制内容が不明という状態で，EU に化学品を輸出する事業を行うことは避けなければならない．

4.3　自社製品の構成物質の把握及び該当する化学品規制の確認

EU での化学品を扱う事業は，REACH 登録及び CLP での C&L 届出を行わなければ，開始することができない．C&L 届出は REACH 登録と並んで EU

での化学品事業にとって極めて重要な作業であると認識し，その準備は怠らないようにしていただきたい．C&L 届出までの作業フローを図 4.2 に示す．

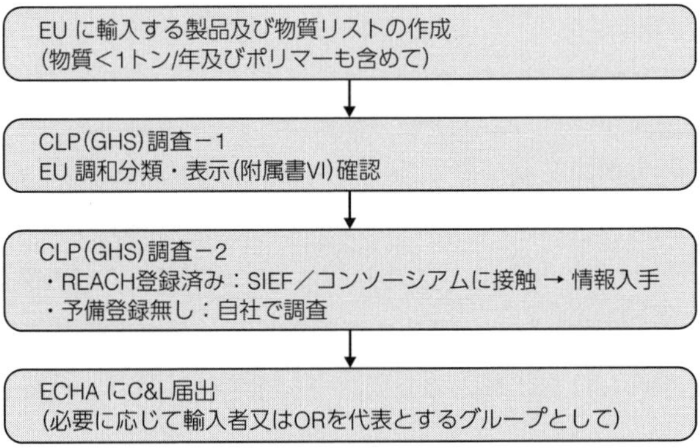

図 4.2　C&L 届出までの作業フロー

C&L 届出までの作業の第一段階は，EU での事業にかかわる製品及びその製品を構成する物質を調査し把握することであり，表 4.1 に示すように，それらの情報を一覧表などの形で網羅的に整理し，その全体像を把握することが望まれる．

表 4.1　EU での事業にかかわる製品情報一覧

項　目		要　点
製品関連	製品分類	化学品（物質又は混合物）か，成形品*
	製品	・混合物製品の場合，EuPCS をベースに分類 ・洗剤のジェルボール®は特有の表示・包装要件を有す
	製品番号	
	製品名	
	品名略号	
	EU 輸出量（トン / 年）	
	EU 輸入者 （第一義の登録義務者）	
	EU への間接輸出の場合	会社名（国内，海外含めて），EU への輸出量（トン / 年）
	使用・ばく露情報	・使用者：工場使用者，業務使用者，消費者 ・使用例：中間体（反応原料），添加剤，溶剤 等 ・ばく露(ヒトと環境に対して)：入手可能な範囲で

表 4.1（続き）

項　目			要　点
製品関連		SDS	作成済かどうか，言語，附属書 II の最新版対応
		成形品*中の SVHC	0.1%を超えれば，輸入者は届出が必要
成分（物質）関連情報		成分名（添加剤，不純物含む）	日本名(ポリマー含めて，全て記載，MIM の有無も確認)
			英語名
		モノマー名（ポリマーの場合）	日本名
			英語名
		（成形品*の場合）放出意図物質	登録対象
		CAS 番号	
		EC 番号等	
		原材料　購入事業者	
		SVHC 該当有無	該当する場合，0.1%を超えるかどうかも確認
		EC 番号等	
		含有率（%）	
		含有量（トン）	
		使用方法（中間体使用の該当有無）	1. 通常　2. サイト内単離中間体 3. 輸送単離中間体
		危険有害性分類	CLH（調和分類・表示）該当有無
			NITE GHS 分類データ有無
		成分物質の該当法令	EUCLIF 活用
REACH 関連	トン数帯（会社として合算）	1〜10 トン / 年	使用方法（1. 通常　2. サイト内単離中間体 3. 輸送単離中間体） 別に会社として合算 ⇒該当するトン数体を選出
		10〜100 トン / 年	
		100〜1 000 トン / 年	
		1 000 トン / 年以上	
	登録不要・免除	REACH 適用対象外	他法令で規制
		登録免除	附属書 IV，V
		1 トン / 年未満（登録対象外）	
		2%未満の構成モノマー	含有%の確認
		EU への再輸入物質	EU 内の元々の製造者が自社の登録で再輸入品をカバーする意図の有無の確認も必要
REACH 関連	登録関連	登録判断	輸入者が登録，自社で登録，川上事業者が登録，登録しない(他社が登録する場合は，その事業者名を記録)
		登録状況	登録済み，それとも未登録

表 4.1（続き）

項目				要点
REACH関連	登録関連	コスト概算		調査費用，試験費用，OR 費用，登録手数料等
		物性データ	スペクトル	
			有害性データ	技術文書に必要な事項，データの有無
			有害性試験	新規物質では必須
		化学品安全性報告書：CSR(10 トン/年で必要)		CSR 提出の要否
	届出	研究・開発用		PPORD への該当有無
CLP関連	C&L届出	届出対象		製品として危険・有害性確認し，該当すれば物質単位で届出
		届出方法		REACH 登録又は C&L 届出
		届出者		輸入者の意向確認（協議）
	PCN提出	上市国		混合物製品の場合，上市国はすべてリストアップ
		PCN 提出者		輸入者の意向確認（協議）
		製品の色調及び状態		気体，液体(流動性)又は固体(塊状，顆粒，粉末・微粉)
		pH		測定条件も併せて確認
		包装形態		

*　成形品であっても REACH の対象であり，特別の義務が課せられている．

C&L 届出では，危険・有害性を有すればポリマー及び製造・輸入量が年間 1 トン未満の物質も対象となるため，それらの物質も漏らさずリストアップすることが重要である．

混合物製品であれば，PCN 提出が求められ，より細かな情報の収集も必要になる．

物質の特定は，その後の REACH での登録業務や CLP での C&L 届出及び PCN において非常に重要であり，物質を正しく特定するための手順が，ECHA のウェブサイト "Four steps to successful substance identification[3)]" に示されているので，これらを活用して，極力正確に物質を特定する．

また当該製品やその構成物質が EU のどの法律で規制されているかを把握することも極めて重要である．図 4.3 に示す EU の法令などをカバーする ECHA 公開の EUCLIF[4)] が活用できる．

分野	全般／輸出入	労働環境	消費者			環境			輸送
			化学品管理	製品管理	食品安全	大気	水質	廃棄物	
法律	REACH CLP POPs Persistent Organic Pollutants Regulation PIC Prior Informed Consent Regulation	CMD Carcinogens and Mutagens Directive CAD Chemical Agents Directive Chemical, Physical and Biological Agents at Work Directive Protection of Pregnant and Breastfeeding Workers Directive Protection of Young People Directive Safety and/or Health Signs at Work Directive Safety and Health of Workers at Work Directive	BPR Biocidal Products Regulation PPPR Plant Protection Products Regulation Pesticide Residues Regulation Statistics on Pesticides Regulation	Active Implantable Medical Devices Directive* Aerosol Dispensers Directive Civil Explosives Directive Construction Products Regulation Cosmetic Products Regulation Detergents Regulation EU Ecolabel Regulation Fertilisers Regulation General Product Safety Directive In Vitro Diagnostic Medical Devices Directive Medical Devices Directive* Pressure Equipment Directive Toy Safety Directive	Ceramic Articles Directive Food Contact Active and Intelligent Materials and Articles Regulation Food Contact Materials (FCM) Framework Regulation Food Contact Recycled Plastic Materials and Articles Regulation Food Contact Regenerated Cellulose Directive Plastic Materials and Article Regulation	Ambient Air Quality Directive As, Cd, Hg, Ni, PAHs in Ambient Air Directive Atmospheric Pollutants Emission Reductions Directive VOC Emissions from Storage of Petrol and its Distribution Directive Industrial Emissions Directive	Urban Waste Water Treatment Directive Water Environmental Quality Standards Directive Water Framework Directive Water for Human Consumption Directive Marine Environmental Policy Framework Directive	Batteries Directive Packaging and Packaging Waste Directive RoHS Restriction of Hazardous Substances in E&E Equipment Directive WEEE Waste E&E Equipment Directive ELV End-of-Life Vehicles Directive Shipments of Waste Regulation WFD Waste Framework Directive	Inland Transport of Dangerous Goods Directive

図 4.3　EUCLIF がカバーする EU の化学品関連の法令*

* Active Implantable Medical Devices Directive 及び Medical Devices Directive は，医療機器に関する規則（EU）2017/745 によって廃止されたが，特定の医療機器に対して移行期間が設定されているため，両指令は EUCLIF に掲載されている．

EU では加盟各国が独自に規制している場合もあり，その調査も怠らないようにしなければならない．

4.4　自社製品の各成分物質に関する C&L 情報の収集

C&L 届出までの作業の第二段階は，自社製品の各成分物質に関する C&L 情報を調査し収集することである．この C&L 情報の収集では表 4.2 に示す優先順位を考慮する必要がある．

表 4.2　C&L 情報収集において考慮すべき優先順位

優先順位	該当する C&L 情報	通称
1	CLP 附属書 VI 掲載の調和分類・表示情報	Harmonized C&L
2	REACH SIEF での C&L 情報	Agreed C&L
3	ECHA の分類・表示インベントリーに届出された C&L 情報	Notified C&L
4	自社での C&L 情報	self-classification

調和分類・表示（2.7.1 参照）は，EU 内において強制的に使用することが求められており，優先して，自社製品の各成分物質が CLP の附属書 VI に収載されていないかどうか，表 4.2 には通称も記載しているが，Harmonized C&L の存在を確認する必要がある．

C&L 情報収集の優先順位の 2 番目としては，CLP 第 41 条で，同一物質に対して，C&L 届出者及び REACH 登録者は分類・表示インベントリーの中で，一つの合意された記載になるようにあらゆる努力を払わなければならない，と規定されており，この要件を満たすように，REACH の SIEF あるいはコンソーシアムに接触して，SIEF として合意された C&L 情報（Agreed C&L）を入手するようにする．この作業は，REACH での OR と連携して実施することが効率的だと考えられる．

優先順位 1 及び 2 での C&L 情報の収集ができない場合は，ECHA の分類・

表示インベントリーに届出された C&L 情報（Notified C&L）を調査することになる.

優先順位 3 までにおいて C&L 情報を入手できなければ，独立行政法人製品評価技術基盤機構（NITE）などより公表されている分類情報を参考にして，あるいは自社で関連する危険・有害性情報を収集して CLP（GHS）分類を行い，C&L 情報を導き出す（self-classification）ことを行うことになる.

購入品で，C&L 情報がない場合には，上流の供給者に対して C&L 情報の提供を要請し，収集することが必要となるかもしれない.

優先順位の 2 ～ 4 の作業又は上流の供給者から入手した情報については，外部からの C&L 情報をそのまま採用するのではなく，自社内でしっかり検証し，科学的根拠をもった C&L 情報とすることが重要である.

4.5　CLP に従った，ラベル作成・表示及び包装

C&L 情報に基づいて，CLP に従ったラベルを作成する．ラベル作成において最も重要なことは上市国の公用語を使用するということである．国によっては二か国語を要求しているところがあり，ECHA のウェブサイト "Labelling and packaging[5)]" の "Languages required for labels and safety data sheets" には各加盟国のラベル及び SDS に要求する言語が一覧されているので，参考になる.

ラベル要素は，国連 GHS がベースにはなっているが，CLP 特有の規定があることに注意が必要で，特に当該製品が 2.3.1（6）（補足情報）に該当していないかどうか確認することを忘れないようにすべきである.

ラベル及び絵表示のサイズは，包装の内容量に合わせて規定されており，自社製品の容量を踏まえて，それらの大きさを決定しなければならない.

化学製品の包装は，内容物がどのような時でも漏出しないように，設計，製作及び閉封される必要がある．そのため，包装材は丈夫で，内容物による損傷などが起こらないものでなければならない．一般市民向け製品の包装について

は，内容物の危険・有害性によって，CRF 包装あるいは TWD が求められており，その確認も怠ってはならない．

ラベル表示及び包装は，外部から視認でき，査察の対象にもなりやすいものである．実際に表 2.22（130 ページ）に示すように，第 6 回 REACH-EN-FORCE（REF）では，混合物の分類及び表示が執行（査察）の対象となっている．第 6 回 REF プロジェクトの報告書[6]の最後には，その査察での質問事項がチェック表として添付されている．その中の 4.1.1 項を図 4.4 に抜粋するが，この項は，自社で作成したラベルの確認用チェックリストとしても活用できる．これらを活用して，作成したラベルは慎重に最終確認することが望ましい．

4.1.1 Please specify the errors and/or deficiencies and the corresponding number of mixtures in the table below:		See Annex 6 for guidelines.
Errors/ deficiencies on the labels	Number of checkeded labels with non-compliances	
A. ☐ Incorrect label size		CLP Article 31 (4) and Annex I, Table 1.3
B. ☐ Missing or wrong contact information (name, address and/or telephone number)		CLP Article 17 (1)(a)
C. ☐ Missing nominal quantity (only if made available for the general public and not specified elsewhere on the package)		CLP Article 17 (1)(b)
D. ☐ Not in official language		CLP Article 17 (2)
E. ☐ Product identifier, (trade name/designation and identity of all substances in the mixture that contribute to the classification of the mixture. List of hazard classes is mentioned in the Article)		CLP Article 18 (3)
E.1. ☐ Product name missing E.2. ☐ Listing of substances missing		
F. ☐ Hazard pictogram		CLP Articles 19 and 26 Section 1.2.1 in Annex I Annex I, table 1.3
F.1. ☐ Missing		
F.2. ☐ The pictogram differs from the requirements for shape or color as set out		
F.3. ☐ Incorrect size		

F.4. ☐ Other, please specify:		
G. ☐ Signal word wrong or missing		CLP Article 20
H. ☐ Hazard statements wrong or missing		CLP Articles 21 and 27
I. ☐ Precautionary statements missing I.1. ☐ Not checked		CLP Articles 22 and 28
J. ☐ Supplemental information		CLP Article 25. See Annex 6 for guidance.
K. ☐ General rules for the application of labels		
K.1 ☐ The label is not firmly affixed to one or more surfaces of the packaging immediately containing the mixture		CLP Article 31(1)
K.2. ☐ The label is not readable horizontally when the package is set down normally		CLP Article 31(1)
K.3. ☐ The hazard pictogram does not stand out clearly on the label		CLP Article 31(2)
K.4. ☐ The label elements from Article 17 are not clearly and indelibly marked		
K.5. ☐ The label elements do not stand out clearly from the background and is not easily read		CLP Article 31(3)
L. ☐ Other, please specify:		For instance Articles 32 and 33

図 4.4 第 6 回 REF プロジェクトでの質問事項の抜粋 [6)]

4.6 C&L 情報の ECHA への届出

C&L 情報の ECHA への届出は，当該物質を含む製品の上市後，1 か月以内に実施しなければならない．この C&L 届出は，第一義的には輸入者の責務であるが，EU 域外事業者にとって，例えば混合物の成分情報が営業秘密として輸入者に開示できない場合には，2.6.1（2）に記述したとおり，別のルートで C&L 届出を提出することも可能である．C&L 届出における可能な提出ルートを図 4.5 に示す．

・REACH登録済であれば，C&L届出不要
・C&L届出が必要な場合，
（基本） 輸入者による届出
（オプション） 輸入者：届出グループ(Gr)の形成を受諾 ⇒ 自社にて対応
（オプション-1） OR(第三者)による届出
（オプション-2） 自社の関係会社による届出

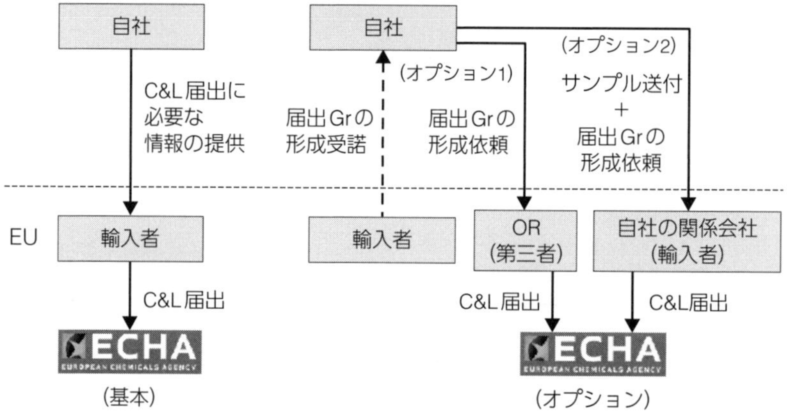

図 4.5　C&L 届出において考えられるオプション

図 4.5 において，輸入者，若しくは EU 域外企業である自社が OR を指名して REACH 登録していれば，C&L 届出は不要となる．REACH 登録が行われていなければ，第一義的には輸入者が C&L 届出を行わなければならない（基本）．その際，自社は C&L 届出に必要な情報を提供し，輸入者を支援することになる．

営業秘密情報などの理由で，基本ルートを採用できない場合には，オプションの採用を検討することになる．輸入者とオプションが可能かどうかよく協議して，オプションの採用を受諾してもらう必要がある．オプションには，さらにオプション 1 とオプション 2 が考えられる．オプション 1 は REACH 登録の OR を第三者として輸入者の代表に指名し，C&L 届出を行うというもので，オプション 2 は EU 域内に自社の関係会社があれば，その関係会社に当該製品をサンプルなどで輸出し輸入者の立場となり，この関係会社が輸入者の代表となって C&L 届出を行うというものである．いずれのオプションにおいても，

C&L 届出の責任は，輸入者が負っている．オプションはいずれも複雑であるため，これらのオプションを採用する場合には，輸入者と十分に協議し，自社と輸入者は文書にて取り決め事項を明確にしておく必要がある．

4.7　危険・有害な混合物についての PCN 提出

危険・有害な混合物については，その混合物製品の上市前に，PCN 提出を行わなければならない．ECHA は，ポイズンセンターのウェブサイト“Steps for industry[7]”において，PCN 提出の推奨手順を図 4.6 のように示している．

第 1 段階は，取り扱う混合物製品の危険・有害性を確認することから始まる．混合物の危険・有害性が附属書 VIII に規定するものに該当すれば，次は自社の立場を確認することになる．危険・有害な混合物の輸入者又は川下ユーザーであれば，PCN 提出の義務がある．あるいはその輸出者であれば，その輸入者は PCN 提出の義務者であり，輸入者から PCN 提出について協議を求められるかもしれない．これらの確認と合わせて，PCN 提出国及び使用別に設定された届出期限を確認することも重要である．

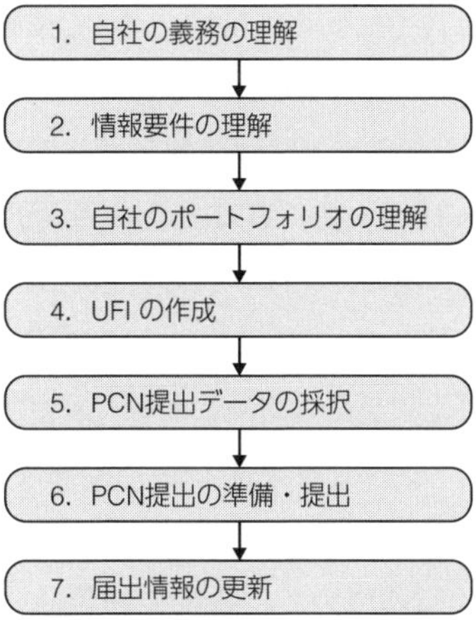

図 4.6　ECHA が推奨する PCN 提出手順[7]

第2段階は，PCN提出で求められる情報要件並びに提出書式を正しく理解することである．ECHAは図4.7により，PCN提出情報の概要を示している．提出者の特定情報，混合物及びその成分に関する情報，UFI及び製品に関する情報が必要であり，その詳細は3.4（PCNにおける提出情報の詳細）を確認していただきたい．

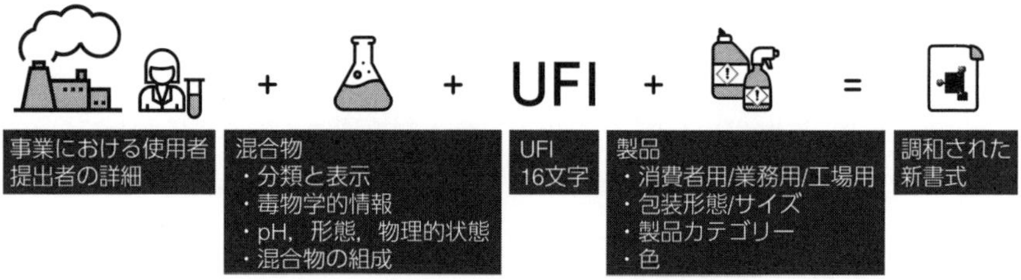

図 4.7　PCN提出に必要な情報の概要[8)]

第3段階は，自社のポートフォリオを理解することである．ここでは，例えば，混合物製品の使用が工場使用のみであれば，限定提出も可能であり，この限定提出を採用するかどうかを検討することになる．その他には，グループ提出の採用や外部使用者によるPCN提出，あるいはEU域外事業者との関係でEU域外事業者による自主的届出と併せてのPCN提出を行うかどうかも第3段階での検討項目である．混合物製品を輸出する日本企業にとっては，どのような手段でPCN提出を行うかEU内の輸入者とよく協議する段階でもある．

第4段階は，UFIの作成である．UFIを生成し管理する責任は，該当する混合物を取り扱う事業者にある．UFIの管理方法として，3.8（UFIの管理方法）に記述したように，いくつかのアプローチが提示されている．自社で取り扱う混合物製品の構成や種類及び製品の市場について現状ばかりではなく，将来の展開も踏まえて，自社にとって最適でわかりやすく間違いの起こりにくいUFI管理アプローチを選定することが望ましい．UFI管理アプローチが決定すれば，そのアプローチに基づいて，各混合物製品に対して社内コード番号（formulation number）を付与し，UFIを作成していく．UFIは製品ラベル及び（e）SDS への表示及び記載が求められており，忘れずに製品ラベル及び（e）SDS に UFI を表示及び記載するようにする．

第 5 段階では，PCN 提出データの決定を行う．成分物質の識別子として，化粧品原料である場合には，INCI 名を採用することが可能である．濃度として実濃度あるいは濃度範囲のどちらを記載するか決定する必要がある．供給者との関係で MIM の扱いをどのようにするかもこの段階で決定する．MIM の特定の仕方は，3.4.3（混合物の成分に関する情報）で述べたように状況に応じて複数あり，供給者との慎重な協議が求められる．

提出情報の中で最も重要な危険・有害性情報に漏れや間違いがないか，あるいは SDS の記載事項と整合しているかなどの確認も必要である．

第 6 段階では，PCN 提出の準備と提出である．事前に PCN 提出を ECHA のポイズンセンター届出ポータルから行うか，加盟国各国に直接提出するかは決定しておくことが望ましい．その際に，PCN 提出に必要な言語も確認する．次に PCN 書式へのデータの入力手段（ECHA 開発 IUCLID クラウド，オフラインでの IUCLID の使用並びに関連する自社システムとのシステム連携）を，取り扱う混合物製品数やその構成並びに会社のシステム導入状況などを勘案して決定する．それから，必要な情報を PCN 書式に入力する．入力が終了したら，必ず，検証作業を行う．不備が検出されたら，入力情報を訂正し，再度，検証作業を行って PCN 書式を完成させる．PCN 提出を行った後は，提出報告書で提出番号などの提出状況を確認する．

PCN 提出後は，関連する情報の動向を監視し，PCN 提出内容に変更が生じれば，速やかに PCN 提出情報の更新を行う．特に，混合物製品の組成などが変更される場合には，新たに UFI を作成するとともに，変更される混合物製品の上市前に，PCN 提出情報を更新しなければならないので，忘れないようにしていただきたい．

4.8　REACH 登録，C&L 届出及び PCN 提出後の維持管理と査察対応

化学品管理は，化学品によるヒトの健康及び環境へのリスクを適切に管理し，低減を図っていくことであり，企業内での管理（マネジメント）システムの 1 項目に加えるべきである．REACH での登録並びに C&L 届出や PCN 提出は，化学品管理の一つの要素であり，登録又は届出すれば，それで終了という訳ではなく，EU での事業における化学品管理体制を構築するための契機と捉えるべきである．

C&L 届出した物質又は PCN 提出した混合物に含まれる物質について，調和分類・表示が設定あるいは更新されれば，C&L 届出の更新やラベル表示及び SDS の改訂が必要になる可能性がある．EU で取り扱う物質に関する規制の動向及び関連する新たな危険・有害性情報は常に監視しておくことが望ましく，C&L 届出や PCN 提出の更新など，対応が必要となれば，速やかに実施できる体制を構築しておかなければならない．さらには EU 内の事業者であれば，実施される執行（査察）にも対応しなければならない．

各企業で化学品管理の体制を構築する際には，品質管理や環境管理のために導入している ISO 管理手法を応用するのが効率的であり，それによって体制構築の際の管理項目の欠落も防止できると考えられる．

化学品管理体制の確立として，表 4.3 に示す項目を整備することが推奨される．

表 4.3　EU における化学品管理体制確立に求められる項目

・REACH，CLP への取組み方針の宣言
・REACH，CLP に関する各組織及び組織内の役割と責任の設定
・EU における製造又は輸入する物質の REACH 登録・CLP 届出手順の確立
・REACH，CLP での登録・届出文書作成／更新を監視する手順の設定
・（スタッフ）教育・訓練の実施及び記録の保管
・ラベル及び（e）SDS の作成手順確立
・供給者の（e）SDS に対する確認・見直し対応についての手順の確立
・緊急事態発生時の対応手順の設定（緊急連絡電話番号の設定含む）

表 4.3 （続き）

・製品中の SVHCs の追跡手順の設定
・社内コンプライアンス監査についての手順の確立
・該当する物質に対して，OR との関係性確立

これらが確立していることは，表 4.4 に示す文書及び記録を証拠として提示できるようにしておくべきである．これらの文書及び記録は，社内の文書管理システムに組み入れ，維持・管理を図る．このことにより化学品管理体制が，可視化されるとともに継続的に維持することが可能となる，さらには執行（査察）に対しても自信をもって対応できるようになる．

表 4.4 EU における化学品管理に求められる文書及び記録

・化学品管理体制の確立*を示すことのできる文書・記録
・最新の取扱い製品及び含有物質一覧表
・すべての予備登録・登録番号及び登録に関するレポート
・REACH 登録基礎資料
・Letters of Access の証拠文書
・いかなる免除についての根拠となる文書
・中間体登録の物質に対する顧客での厳密な管理の確認文書
・物質の製造・輸入数量の記録と提示可能な数量追跡システム
・全物質に対する分類結果 & 分類に使用した情報とともにあらゆる C&L 届出の詳細資料
・C&L 届出をグループ提出した場合は，グループ形成に関連する文書
・PCN 提出に係わる資料及び報告書
・すべての製品の（e）SDS（旧版も含めて）
・受領した（e）SDS 及びこれらが REACH を遵守し，実行していることを確実にするための手順
・SVHC 届出実施記録及び SVHC に関する顧客への情報提供の証拠

* 本書の表 4.3 を指す

引用・参考資料

1) https://www.jetoc.or.jp/materials/
2) http://chemical-net.env.go.jp/index.html
3) https://echa.europa.eu/support/substance-identification/four-steps-to-successful-substance-identification
4) https://echa.europa.eu/information-on-chemicals/EUCLEF
5) https://echa.europa.eu/regulations/clp/labelling
6) https://echa.europa.eu/about-us/who-we-are/enforcement-forum/forum-enforcement-projects
7) https://poisoncentres.echa.europa.eu/steps-for-industry
8) https://poisoncentres.echa.europa.eu/know-the-standard-information-requirements

お わ り に

国連環境計画（United Nations Environment Programme：UNEP）が，2011年に“グリーン経済（Green Economy）”報告書を公表した*．UNEPでは「グリーン経済とは，環境リスクと生態系の損失を大幅に削減しつつ人間の幸福と社会的不平等が改善された経済である.」と定義しており，持続可能な開発目標（SDGs）を実現するための経済のあり方と位置付けている．

EUでは，SDGsの達成を念頭において，グリーン移行（Green Transition）を加速する狙いで，2022年4月に第8次環境行動計画（8th Environment Action Programme：EAP）**が決定された．

この第8次EAPには，2030年までの期間で取り組む（a）～（f）の六つの相互に関連する課題に対する優先目標が掲げられており，その一つが次である．

> （d）有害化学品との関連を含めて，ゼロ汚染を追求する，その目的は環境関連のリスク及びマイナス影響から人々，動物，生態系の健康と良好な状態を保護するために，光及び騒音公害に関することも同じく，大気，水及び土壌を含めた毒性のない環境を達成することである．

この優先目標の達成を可能とする条件として，「高懸念物質，内分泌かく乱物質，極難分解性化学品，神経毒性物質及び免疫毒性物質を含む懸念物質を迅速に代替し，並びに化学品の混合効果，物質のナノ形態の物質及び製品からの有害な化学品へのばく露の問題へ取組み，及び気候や生物多様性を含めてヒトの健康と環境への影響を評価する，一方，設計による安全で持続可能な化学品と材料の開発を促進し，動物試験代替法の開発と検証を促進する努力を増大し調整する.」ことが示されている．

---

*　https://www.unep.org/resources/annual-report/unep-2011-annual-report

**　https://eur-lex.europa.eu/legal-content/EN/TXT/?uri=OJ:L:2022:114:TOC

これらは，いずれも化学品の危険・有害性が基盤にあり，この判定基準や判断手順はCLPが提供するものである．“はじめに”で触れた，2020年10月に公表された新化学品戦略では，「欧州委員会は，CLP規制が危険・有害性分類の中核であることを確実にする.」と宣言しており，EUの化学品管理においてCLPの重要性は，今後，より一層増していくであろう．

徳重　諭

索　　引

A - Z

規則・指令等

あ行

か行

さ行

た行

な行

は行

ら行

著者略歴

徳重　諭（とくしげ　さとし）

1983年　九州大学　総合理工学研究科（材料開発工学専攻）修了
三菱化成株式会社（現 三菱ケミカル株式会社）入社．四日市工場にてポリエステル樹脂の開発を担当．
その後，四日市事業所品質保証グループマネージャー，本社品質保証グループマネージャー及び化学品グループマネージャー等を歴任

2012年　一般社団法人日本化学工業協会 化学品管理部 部長

2018年　一般社団法人日本化学品輸出入協会 化学物質安全・環境部長（現職）日本国内及びEUの化学品関連法規制を担当

主要著書及び発表論文

『〈化学品管理者必携〉欧州REACH規則　日本企業の対応実務－REACHの現状と今後の動向を踏まえて－』（日本規格協会）

『化学品安全業務マニュアル 第5版』（共著），三菱化学テクノリサーチ，2012年

月刊『化学経済』，“化学品管理規制の最新動向と産業界の取り組み”（共著），2015年6月号，化学工業日報

機関紙『環境管理』，“サプライチェーンを通した化学品のリスク管理に向けた日化協の取り組み”（共著），2015年10月号，産業環境管理協会

『月刊 化学物質管理』，特集2“トルコの化学品規制とその動向”，2019年2月号，情報機構

『月刊 化学物質管理』，特集1“これからのREACH規則と企業の対応”，2020年7月号，情報機構

化学品管理者必携
欧州 CLP 規則 日本企業の対応実務
―CLP の現状と今後の動向を踏まえて―

2022 年 9 月 9 日　第 1 版第 1 刷発行

著　　者　徳重　諭
発 行 者　朝日　弘
発 行 所　一般財団法人 日本規格協会
〒108-0073　東京都港区三田 3 丁目 13-12 三田 MT ビル
https://www.jsa.or.jp/
振替　00160-2-195146

製　　作　日本規格協会ソリューションズ株式会社
印 刷 所　日本ハイコム株式会社
製作協力　株式会社大知

ISBN978-4-542-40411-3

図 書 の ご 案 内

［ERG 2020 版］
危険物輸送のための
緊急時
応急措置指針
容器イエローカードへの適用

監訳　東京大学名誉教授　田村昌三
編集　一般社団法人 日本化学工業協会

A5 判・266 ページ

定価 4,400 円（本体 4,000 円＋税 10%）

【主要目次】

A　緊急時応急措置指針と容器イエローカード

A1　緊急時応急措置指針
1　2020 Emergency Response Guidebook (ERG 2020)
2　緊急時応急措置指針の概要

A2　容器イエローカード（ラベル方式）
1　容器イエローカード（ラベル方式）の概要
2　適用範囲と位置付け
3　本指針による容器ラベル作成方法

A3　国連番号の付け方（参考）
1　単一品（工業的純品）
2　混合物
3　装置・器具等

B　緊急時応急措置指針
1　利用上の注意
2　国連／ID 番号順索引
3　物質名 50 音順索引
4　指針（指針番号順）

日本規格協会　https://webdesk.jsa.or.jp/